冷冻烘焙
技术与应用

王君　著

Frozen Bakery
Technology
and
Application

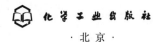

化学工业出版社

·北京·

内 容 提 要

本书介绍了冷冻技术的定义、冷冻烘焙技术原理和冷冻烘焙产品的制冷技术，烘焙主要原材料基础知识，冷冻烘焙产品的分类；详细介绍了冷冻面团、冷冻蛋糕/甜点、冷冻曲奇及冷冻酥类产品四类冷冻烘焙产品的定义、分类、原料、制作工艺流程、广泛应用及生产设备（生产线）。

在我国，冷冻面团、冷冻甜品等冷冻烘焙产品越来越受到烘焙企业的青睐，由此，冷冻烘焙型专业工厂也日渐增多。本书不仅适合于烘焙企业从业者，也适合于社会烘焙爱好者，通过本书，读者可以对冷冻烘焙从理论到实操都有一个全面深入的了解。

图书在版编目（CIP）数据

冷冻烘焙技术与应用/王君著. —北京：化学工业出版社，2020.8

ISBN 978-7-122-37061-7

Ⅰ.①冷… Ⅱ.①王… Ⅲ.①烘焙-糕点加工 Ⅳ.①TS213.2

中国版本图书馆 CIP 数据核字（2020）第 090889 号

责任编辑：张　彦　　　　　　　　加工编辑：药欣荣　陈小滔
责任校对：李雨晴　　　　　　　　装帧设计：李子姮

出版发行：化学工业出版社（北京市东城区青年湖南街 13 号　邮政编码 100011）
印　　装：三河市延风印装有限公司
710mm×1000mm　1/16　印张 12¼　字数 201 千字　　2020 年 9 月北京第 1 版第 1 次印刷

购书咨询：010-64518888　　　　　　售后服务：010-64518899
网　　址：http://www.cip.com.cn
凡购买本书，如有缺损质量问题，本社销售中心负责调换。

定　　价：58.00 元

序一

党的十九大报告指出，中国特色社会主义进入了新时代，我国社会的主要矛盾已经从人民日益增长的物质文化需要同落后的社会生产之间的矛盾转化为人民日益增长的美好生活需要和不平衡不充分的发展之间的矛盾。这一科学论断对于焙烤食品行业也同样具有指导性意义。烘焙行业经过了近40年的发展，消费市场已经日趋成熟，消费者对高品质、营养健康的产品的需求与日俱增。但是行业内企业发展不均衡，不能完全满足消费者对产品高品质、营养健康的需求，尤其近年来又受经济大环境的影响，连锁饼店行业门店租金不断增长、人工成本逐年提升，导致烘焙行业整体盈利能力不断下降，这更加制约了行业的发展，所以提高人均产值、提升生产效率、加大产品的研发力度就显得尤为重要。

正是在这种大形势下冷冻面团应运而生，这也是烘焙行业发展的必由之路，冷冻面团相关设备及技术的应用将极大地提升行业生产力，促进行业人均产值的增加。但是由于我国冷冻面团技术起步晚，工艺技术水平和传统烘焙强国之间还有较大的差距，所以要达到或接近发达国家水平还有很长的一段路要走。王君先生的《冷冻烘焙技术与应用》一书的出版恰逢其时，本书对行业人士了解冷冻技术的起源、熟悉冷冻烘焙所需要的原料及工艺设备、掌握冷冻烘焙的制作技术以及冷冻烘焙产品的运用具有积极的指导作用与参考价值。我相信本书的出版和普及将会对我国冷冻烘焙领域的发展提供及时有益的指导，并让正在生产冷冻烘焙产品或者即将引进冷冻设备和技术的企业少走弯路。

未来已来，我们相信冷冻烘焙技术的应用将进一步为我们的消费者提供品质更高、种类更多的焙烤产品，并进一步满足消费者多样化的需求。最后恭喜王君先生大作成功出版，并在此向行业同仁推荐此书！

中国焙烤食品糖制品工业协会副秘书长

序二

多年前，我进入了烘焙行业，加入了法国著名的 LEDUFF 集团。 LEDUFF 总部位于法国的布列塔尼省。集团共有三大核心业务板块：一是拥有全球最大的冷冻面团工厂，共 8 座，其中布列塔尼工厂生产线面积近 5 万平方米、10 来条全自动冷冻面团生产线、日产 35 类共 800 多个单品的冷冻面团 500 万个；二是在全球拥有四个品牌的连锁饼店和带餐厅的复合饼店共 1200 家；三是集团自建一个规模庞大的有机农场，为自家产品提供安全、安心的新鲜蔬菜水果。

当我被派往中国负责亚洲业务时，王君先生正在筹建中国烘焙业连锁企业中的第一家全自动化冷冻面团工厂，也正是在那个时期，我们得以相识，并因此成了好朋友。

冷冻面团技术在整个欧洲已经非常成熟，运用也十分广泛，但在中国尚处于萌芽状态。在这样的背景之下，王君先生潜心研究冷冻烘焙技术多年，并建立了国内烘焙行业首屈一指的冷冻面团工厂，实在令人钦佩！

王君先生此前已经出版过一本关于《烘焙中央工厂规划设计与设备选型》的专著，此次又将他自己潜心研究多年的冷冻烘焙技术与运用的理论与实操经验拿出来与全行业分享，实属难能可贵！

当我拿到书稿并快速通读一遍之后，我感到非常自豪，我决定要为此书作序。不为别的，就为我的好朋友，也为中国的烘焙业。

毫无疑问，此书的出版，会再次推动中国烘焙行业冷冻烘焙技术的发展与进步。

法国 LEDUFF 集团

前言

多年来，国内烘焙行业的技术发展与引进主要来源于三个渠道。一是来源于我国台湾和日本的原料制造企业。随着我国改革开放的不断深入以及经济的快速增长，他们早已瞄准了我国大陆的巨大市场，逐步由最初的单纯卖原料，调整为到大陆建立工厂。为了把原料卖给更多的烘焙企业，他们派出一批又一批产品研发师傅前往企业进行现场产品研发、培训与指导，除了给烘焙企业带来全球市场的畅销产品之外，还会利用他们的原料与烘焙企业共同研发新品。这些产品卖得越好，使用他们原料的企业就越多，这种双赢的模式成了烘焙企业和原料供应商长期以来共同的追求。二是我国台湾和日本的设备制造企业，其与我国大陆烘焙企业合作的方式与原料企业基本一致。对于烘焙企业来说，为了扩大产能、降低成本、提高生产效率，需要根据企业发展的不同需求不断引进新设备，建立半自动化或全自动化生产线，所以设备厂商为了把设备卖给大陆的烘焙企业，除了要用设备帮助企业把现有的产品做好之外，还要帮助研发全球市场畅销的同类产品，使之可上机生产。三是我国大陆规模较大、发展较好、行业排名靠前的烘焙企业会在全球范围内聘请欧洲、日本、韩国以及我国台湾等地区的烘焙专家作为企业长期或短期顾问，帮助企业创新、研发新品和改善老品，通过差异化的产品，获取核心竞争力。

通过以上三种途径，一些企业逐步把他们的学徒工培训成了5年、8年，甚至15年的"烘焙大师"。这些"烘焙大师"在国内烘焙企业之间广泛而自然的流动，推动了我国烘焙业整体的技术创新与行业进步。

但直到现在，烘焙理论知识体系缺乏的现状并没有根本改变，行业内烘焙产品的技术研发大多仍然是凭借经验和对他人的模仿。常温产品如此，冷藏冷冻产品更是如此。但是冷藏冷冻产品，由于其对原料、工艺、配方、设备、贮存、物流、生产与售卖环境等方面的要求和标准比常温产品更高，所以有时候模仿起来并不太容易。

　　笔者长期致力于常温和冷藏冷冻烘焙产品的原料、工艺、设备以及生产管理等方面系统性的学习、研究、考察与实操，学习的足迹遍及欧洲、美国、日本、韩国、泰国及我国的香港与台湾等多个烘焙业发达的国家与地区，与百余位烘焙专家就冷冻烘焙技术进行过深度交流与探讨，并且引入冷冻烘焙技术于国内某知名企业，通过几年的实践，对冷冻烘焙技术理论和应用也形成了更深刻的见解。此次著书是想借此机会对多年的学习和实践经验进行归纳和总结，分享给行业人士和学者，期望能对冷冻烘焙技术在行业内的应用与发展做点力所能及的事情，给国内烘焙企业在冷冻产品的研发、制造、贮存、冷链物流以及市场销售等各个环节提供参考与借鉴。

　　本书分八章，前三章主要介绍了冷冻技术基础和冷冻烘焙产品的原材料；第四章对冷冻烘焙产品分类做了介绍；第五章到第八章主要介绍了冷冻烘焙技术的应用，包括冷冻面团的制作技术、冷冻蛋糕/甜点的制作技术、冷冻曲奇的制作技术和冷冻酥类产品的制作技术。人类的任何研究成果都是属于全社会的，本书也不例外，但愿我的研究成果能为国内烘焙行业尽一点绵薄之力。

　　最后，非常感谢我的好友——中国焙烤食品糖制品工业协会的副秘书长缪祝群先生和法国最大的冷冻面团企业 LEDUFF 的 Yannick 先生两位行业专家在百忙之中为本书作序。同时，也十分感谢中国焙烤食品糖制品工业协会与中华全国工商业联合会烘焙业公会两个机构对本书的支持与指导。

　　由于时间仓促和水平所限，书中难免有疏漏之处，敬请广大读者提出宝贵意见，以便再版时加以修正。

王君

2020 年 6 月 30 日

于武汉

目录

第一章
绪论

一、食品冷冻技术的定义

食品冷冻技术是利用现代制冷技术将食品温度快速降低以延长其保质期的技术。具体来说，就是运用空气冻结或液氮冻结等方法将食品中心温度快速冷冻到 $-5 \sim -1℃$，并在短时间（含水量较高的烘焙食品一般要求在 30min 以内）内通过其最大冰晶生成带，所含的水分 80％以上能随着食品内部热量的外散形成冰晶体，整个食品呈冻结状态。由于维持微生物生命活动和生化反应所必需的液态水分减少，微生物活动受到抑制，食品的生物化学变化减缓，食品在冻藏过程中的稳定性得以保证，产品也得以长时间保存。

二、食品冷冻技术的分类

根据产品配方及生产工艺的不同，我们把食品冷冻技术分为两大类：急速冷冻技术和冷冻技术，急速冷冻技术广泛运用于冷冻面团及冷冻蛋糕等产品的生产与制作工艺；冷冻技术广泛运用于食品原料、冷冻面团、冷冻蛋糕坯、冷冻慕斯蛋糕产品的贮藏与运输以及冷冻曲奇的生产与制作工艺。

三、冷冻烘焙技术的起源和发展

冷冻技术是一门独立的学科，在全球发展至今，已经拥有一百多年的历史，目前正广泛运用于食品、医疗等科学技术及社会发展的各个领域。

随着冷冻技术的日臻完善以及其在食品行业中的运用日渐普及，冷冻食品也逐渐被视为食品工业中最具发展潜力的产业之一。

冷冻技术在发展早期，主要是用来贮藏和运输新鲜、易腐败的食品，如蔬菜、水果、水产品等，但随着全球烘焙产业的发展，冷冻技术于 20 世纪 50 年代末期开始逐渐运用于烘焙行业中的原料、半成品以及成品的研发、生产、贮藏、加工、运输与销售等环节。

欧洲、美国、日本、韩国等经济发达的国家以及我国台湾、香港等地区，率先在全球范围内将冷冻技术引入了烘焙食品行业。冷冻技术的运用，推动了这些国家和地区烘焙行业的加速发展。自 20 世纪 90 年代以来，美国几乎 80％以上的烘焙企业都在不同程度地研发、生产与销售冷冻烘焙产品，欧洲绝大部分国家，以及日本、韩国等亚洲发达国家的冷冻烘焙产品市场份额也分别占到了各自国家烘焙产品的 85％以上。

我国的烘焙业于 20 世纪 80 年代末期开始起步，发展至今也不到 30 年的历史，所以，冷冻技术在我国烘焙行业的运用就更晚了。最近 5～6 年间，冷冻技术才真正开始引入到我国的烘焙行业。随着近几年我国烘焙行业的高速发展，以及冷冻技术在我国烘焙行业的运用日渐广泛，国内也开始出现了一些生产冷冻面团、冷冻慕斯、冷冻曲奇等专业工厂，如台湾南侨、广州奥昆、广东森农、江西鑫万来、济南高贝、山东众赢、青岛和泉、杭州洲际食品、浙江新迪嘉禾、广东元宝、海南春光等。生产品项以冷冻面团、冷冻蛋糕、冷冻披萨、冷冻挞皮、冷冻酥饼、冷冻甜甜圈等为主。

第二章
冷冻技术基础

第一节　制品的速冻

速冻能最大限度地保持食品原有的色泽、风味和营养成分，减缓微生物的繁殖以及酶的活性和氧化反应，是食品长期贮藏最重要的方法，被国际上公认为最佳的食品贮藏保鲜技术。速冻是将食品中细胞间隙的游离水和细胞内的结合水、游离水同时冻结成无数的冰晶，解冻时冰晶融化成水分，被细胞迅速吸收，尽可能地维持食品原有的新鲜程度和营养。但若速冻环节把控不好，常出现冻结不均匀、食品解冻后色泽口味变差、营养成分流失等问题，这和冻结过程中水形成的冰晶有关。

一、纯水的冻结特性

1. 水和冰的相图

纯水是单组分体系，其相图如图 2-1 所示，相图上有三个区域，即水、水蒸气

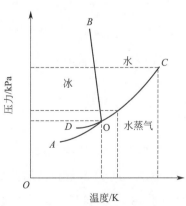

图 2-1　纯水的三相图

和冰。线 OC 是水蒸气和水的平衡线,即水在不同温度下的蒸汽压曲线;OB 是冰和水的平衡线;OA 是冰和水蒸气的平衡线,就是冰的升华曲线。O 点是水的三相点,OD 是 CO 的延长线,是水和水蒸气的介稳平衡线,代表过冷水的蒸气压和温度的关系。由图可见,在同一温度下的过冷水的蒸汽压要比稳态冰的蒸汽压大,因此过冷水处于不稳定的状态。

2. 纯水的降温曲线

如果将一个内盛纯水的容器置于降温槽内,当槽内温度从点 A 开始等速下降时,水温的变化情况如图 2-2 所示,图中的虚线表示槽温;实线表示水温。一般情况下,纯水只有被冷却到低于某一温度(点 C)时才开始冻结,这种现象称为过冷。开始出现冰晶的温度与相平衡冻结温度之差,称为过冷度。在过程 ABC 中,水以释放显热的方式降温;当过冷到点 C 时,由于冰晶开始形成,释放的相变潜热使样品的温度迅速回升到 273.16K,即过程 CD;在过程 DE 中,水在平衡的条件下,继续析出冰晶,不断释放大量固化潜热,在此阶段中,样品温度保持在恒定的平衡冻结温度 273.16K;当全部水被冻结后,固化的样品以较快速率降温。

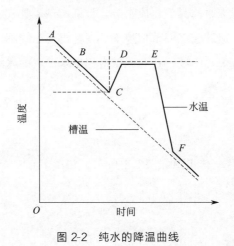

图 2-2 纯水的降温曲线

二、稀溶液的冻结特性

以 NaCl 稀溶液为例,说明冻结过程中溶液的温度和浓度变化关系。图 2-3 为 NaCl 稀溶液的冻结曲线(即 NaCl＋H_2O 溶液相图的低浓度部分),A 点代表在标准大气压下纯水的冰点,即 273.16K;E 是低共熔点,是液相和两种固相的三相共存点。曲线 AE 反映了溶液冰点降低的性质。现在来看溶液的冻结曲线。设溶液的

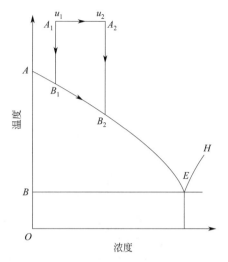

图 2-3　NaCl 稀溶液的冻结曲线

初始浓度为 w_1，由室温 T_m 开始被冷却。在液相区，其温度降低，但浓度不变，即沿垂直线 A_1B_1 下行；当温度降到 T_{B_1} 时（$T_{B_1} < T_A$，其差值决定于溶液的初始浓度），溶液中开始析出固相的冰，从此体系的物系点就进入 ABE 的固液两相共存区。固相冰的状态用 AB 线（浓度为 0）上的点来表示，如 B_1 点的冰点温度就是 T_{B_1}；液相的状态用 AE 线上的点表示。对两相共存的体系进行降温，由于固相冰的不断析出，使剩余液相溶液的浓度不断提高，冰点不断降低，直至低共熔点 E 后，剩余液相全部成固态，成为共熔体。

若在室温 T_m 下，溶液的初始浓度由 w_1 提高到 w_2，则溶液中液相部分的状态变化就沿着 A_2B_2E 的曲线进行。这里也说明了随着浓度的增加，水溶液冰点降低的性质。除此之外，也会产生蒸气压降低、沸点升高和渗透压增加的现象。

三、食品材料的冻结特性

食品是由多元组分组成的，以面包为例，面包主要成分是面粉和水，并含有少量的空气、食盐、糖、酵母、油脂等。面粉的主要成分是淀粉、蛋白质、脂肪和多糖等，因此，食品的冻结过程与纯水及稀溶液不同。对于食品材料的冻结特性研究，主要关心三个问题，一是初始冻结温度，二是冻结到某一温度时，食品的结冰率（未冻结水的质量分数），三是冻结速率。

1. 初始冻结温度

食品内的水分不是纯水而是含有有机物及无机物的溶液。这些物质包括盐类、糖类、酸类以及更复杂的有机分子如蛋白质，还有微量气体。冰晶开始出现的温度即初始冻结温度。食品初始冻结点与其中所含溶液的冰点有关，而液体的冰点是液相与固相平衡的温度。溶液的蒸气压较纯溶剂（水）低，因此，溶液的冰点比纯溶剂的冰点低，食品的冰点也比纯水的冰点低。各种食品的成分各有差异，因此各自的冻结点也不一样，一般食品的初始冻结点为−3～−0.6℃。含水量越高，初始冻结温度越接近纯水冻结温度。表2-1列出了一些食品的初始冻结温度。

表 2-1　一些食品的初始冻结温度

食品材料	含水量/%	初始冻结温度/℃
苹果汁	87.2	−1.44
浓缩苹果汁	49.8	−11.33
胡萝卜	87.5	−1.11
橘汁	89.0	−1.17
菠菜	90.2	−0.56
草莓	89.3	−0.89
草莓汁	91.7	−0.89
甜樱桃	77	−2.61
苹果酱	92.9	−0.72

食品温度降到冻结点即出现冰晶，随着温度继续降低，水分的冻结量逐渐增多，但是要使食品内水分全部冻结，温度要降到−60℃。这样低的温度工艺上一般不用，只要绝大部分水冻结就能达到冷冻贮藏的要求。一般是−30～−18℃之间，−18℃时94%的水分已冻结，−30℃时97%的水分已冻结。

2. 食品的结冰率

一般冷冻库的贮藏温度为−25～−18℃，食品的冻结温度亦大体降到此范围。食品在冻结过程中会发生各种变化，如物理变化（体积、导热性、比热容、干耗变化等）、化学变化（如蛋白质变化、变色等）、细胞组织变化。在冻结过程中，当温度低于食品的冻结点时，食品开始结冰，随着热量的传递，首先是食品的表层结冰，温度继续下降，食品内部开始结冰。食品最终冻结程度可用结冰率表示，食品结冰率可由式(2-1)近似计算。

$$\psi = 1 - \frac{t_1}{t} \tag{2-1}$$

式中　ψ——结冰率，%；

t_1——食品的冰点，℃（查表获得）；

t——冻结食品的终止温度，℃。

如食品的冰点是-1℃，降到-5℃时结冰率$=1-\dfrac{-1}{-5}=0.8$，即80%；降到-18℃时结冰率$=1-\dfrac{-1}{-18}\approx0.945$，即$94.5\%$，此即全部水分的$94.5\%$已冻结。

从公式(2-1)可以看出，食品的结冰率与冻结终止温度有关，与冻结速度无关。但是食品的冻结质量与冻结速率紧密相关。

食品如果长期贮藏，-18℃的温度已能满足，但目前冻结品贮藏温度还在降低，有时降到-30℃甚至$-50\sim-40$℃。这主要是为了保持冻结品的色泽。

冻结温度应与贮藏温度相对应。若冻结温度低，贮藏温度高，则冻结中形成的小冰晶会在贮藏中逐渐增大，失去冻结速度快的优点，最后结果与缓慢冻结相同。

大部分食品，在$-5\sim-1$℃温度范围内几乎80%水分结成冰，此温度范围称为最大冰晶生成区，对保证冻品的品质来说是最重要的温度区间。

3. 冻结速率

冻结速率通常以降温时间和距离两种标准来划分。

(1) 按降温时间来划分。在冷冻过程中，食品各部位的温度是不同的，一般以食品中心温度达到冻结点来计算。由于80%以上的水分在最大冰晶生成带冻结，所以，食品中心温度从-1℃降到-5℃所需的时间，少于$30\min$的称为快速冻结，多于$30\min$的则称为慢速冻结。由于食品的种类、几何尺寸、冻结点、前处理等条件不尽相同，用这种方法区别快速冻结和缓慢冻结，存在一定局限性，不能充分保证食品的质量。

(2) 按距离来划分。德国学者普朗克以-5℃作为结冰锋面，测量冰锋从食品表面向内部移动的速率，并据此把食品的冻结速率分成三类：快速冻结，$v=5\sim20\mathrm{cm/h}$；中速冻结，$v=1\sim5\mathrm{cm/h}$；慢速冻结，$v=0.1\sim1\mathrm{cm/h}$。比如，对厚度或直径为$10\mathrm{cm}$的食品，中心温度只有在$1\mathrm{h}$内降到-5℃才属快速冻结。

20世纪70年代国际制冷学会提出，食品的冻结速率是食品表面和中心温度点间的最短距离与食品表面达到0℃后食品中心温度降到比食品冻结点（开始冻结温度）低10℃所需时间之比，单位为$\mathrm{cm/h}$。所以，如果食品中心与表面的最短距离

7

为 10cm，食品冻结点为−2℃，中心降到比冻结点低 10℃即−12℃时所需时间为 15h，其冻结速率 v＝10cm/15h＝0.67cm/h，此为慢速冻结。

四、结晶理论

结晶由两个过程组成，一是晶核形成过程，主要由热力学条件决定；二是晶体生长过程，主要由动力学条件决定。这两个过程均是被吉布斯自由能驱动，与过冷度有密切关系。

1. 过冷现象

速冻或冻结过程既有热力学过程，也有动力学过程。热力学决定了温度可达到的平衡点，而动力学决定了达到平衡点的速率（冷冻速率）。过冷现象是食品中冰结晶生成的初始条件，指将食品降温至冻结点以下温度，但并未发生冻结的现象。食品成分复杂，其水分的冻结点一般在−5 ～−1℃范围内。一般情况下，在初期降温会下降得比较快，当达到水的冻结点，由于过冷度的存在需要继续降温至晶核形成，水分子位移并有秩序地结合到晶核上，变大后形成冰晶，之后发生相变，固体中的自由水开始冻结，释放潜热，其温度可能跃升回接近冻结点温度（表面）或维持基本稳定（中心），这一过程称为冷冻稳定期，稳定期结束之后，温度会继续下降直至达到与介质温度平衡。

图 2-4 是牛肉薄切片冻结时的过冷现象，随着冻结进行，出现液体过冷，曲线往下，待产生结晶时放出相变热，温度略有回升，曲线往上，之后逐渐降低。曲线的凹处为过冷温度，往上升的高处为冰点。

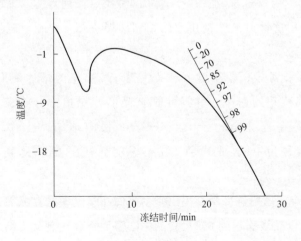

图 2-4　过冷现象

食品冻结中一般不会有稳定的过冷现象产生，因为冻结时食品表面层温度很快降低，破坏了表面层的过冷状态，如图 2-5。如果遇到不透结晶的壁来阻碍冰晶的扩展，则随着热量从食品内部导出在其内部亦产生冰晶。但在奶油中可以有很显著的过冷，因为物料中水分分布得极细时易呈现出时间长而稳定的过冷现象。但对一般食品很难保持过冷状态。

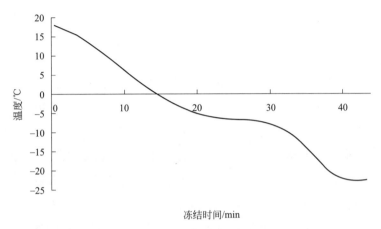

图 2-5　甜面团（90g）冷冻曲线

2. 成核理论

产生稳定的固态核的过程称为成核过程。在液相中形成冰晶，首先需要形成晶核。晶核是指从过饱和溶液中最初析出并达到某个临界大小，从而得以继续成长的结晶相微粒。当水处于过冷态（亚稳态）时，可能形成晶核。根据形成晶核因素的不同，分为均相成核作用和非均相成核作用。如果晶核是在已达到过饱和或过冷的液相中自发地产生的，这一过程称为均相成核作用。均相成核在均匀的介质中进行，在一个体系内各处的成核概率均相等；由于热起伏（或热涨落）可能使原子或分子一时聚集成为新相的胚芽（又称为新相的集团），若胚芽大于临界尺寸时就成为晶核。对于均相成核，要求有较大的过冷度。如果晶核是借助于非结晶相外来杂质的诱导而产生的，则称为非均相成核作用，又称异相成核。非均相成核时，水在尘埃、异相杂质、容器表面及其它异相表面等处形成晶核，其所要求的过冷度比均相成核要小得多。此外，晶体还可以由体系中已经存在或外加的晶体诱导而产生，这种成核作用称为二次成核作用。在成核的过程中，液相分子有序重排，液相转变成固相，伴随着潜热释放。成核取决于成核促进剂和抑制剂的种类、浓度，也取决于传热、传质速率。

3. 冰晶生长

晶体（冰晶）生长就是旧相（亚稳态）不断转变成新相（稳定态）的动力学过程，或者说就是晶核不断形成、形成的晶核不断长大的过程。伴随这一过程而发生的则是系统的吉布斯自由能降低。在晶体生长过程中，一些分子或离子等可结合到晶体表面，也可从晶体表面脱离，这两个过程的综合结果决定了晶体的生长速率。晶体生长速率差别很大，晶体的形状取决于不同晶面的相对生长速率。一般说来，如降温速率很快，成核率很大，而生长率很低，则形成数量多的细小冰晶；如降温速率很慢，成核率很小，生长率高，则形成数量少的粗大冰晶。

在冻结过程中，食品组织材料微观结构将发生重大变化，这一变化的程度主要取决于冰晶生长的位置，而位置又主要取决于冻结速率和食品组织的水渗透率。一方面，在过冷度较小的慢速冻结下，冰晶在细胞外形成，即细胞处于富含冰的基质中。由于细胞外冰晶增多，胞外溶液的浓度升高，细胞内外的渗透压差增大，细胞内的水分不断穿过细胞膜向外渗透，以至细胞收缩，过分脱水。如果水的渗透率很高，细胞壁可能被撕裂和折损，在解冻过程又会发生滴漏。另一方面，在快速冻结、过冷度较大的情况下，热量传递过程比水分渗透过程快，细胞内的水来不及渗透出来而被过冷形成胞内冰晶。这样，细胞内外均形成数量多而体积小的冰晶。细胞内冰晶的形成以及在融化过程中冰晶的再结晶也是造成细胞破裂、食品品质下降的原因。

4. 冰晶生长影响因素

（1）冻结速率。冻结速率影响着冷冻烘焙产品的品质。食品在冻结过程中，会经过一个最大冰晶生成带，一般在-5℃至-1℃之间，约80%的水会变成冰，通过这个冰晶生成带的时间决定着食品中冰晶的大小，时间越短，晶核的生长时间越短，形成的冰晶也较小，不会对细胞造成损害。在不同冻结速率的条件下，冻结点温度和最大冰晶生成带范围也会有差异，这是由于大量的溶液被快速冻结，剩余溶液浓度增加导致其溶液的冻结点下降，进而又对生成带产生影响。

（2）冻结温度。随着冻结温度降低会加快冻结速率，缩短通过最大冰晶生成带的时间，减小大尺寸冰晶形成数量。

（3）温度波动。在冻结或冻藏过程中，由于食品的转运、设备的制冷能力差异、箱体的传热等方面的影响，冻结温度会出现波动现象，部分冰晶会融化后重结晶，食品内部的冰晶会变多，对细胞造成应力损伤，从而导致大量汁液流失、外观变差和口感欠佳。

五、速冻理论

1. 速冻原理

冻结速度决定所形成的冰晶的大小和数量。根据快速结晶理论，冰晶的成核速度和生长速度与过冷状态有关。食品的冰点通常在$-5\sim-1℃$，当温度下降到冰点以下时，晶体生长速度增加，但成核并不显著，这时生成的冰晶粗大而少，在这个温度范围冻结食品的品质很差。在温度继续下降一范围内，晶核形成速率和晶体生长速率都最大；当温度继续下降超过上阶段范围时，晶核形成速率仍然很大，但是晶体生长速率下降了，这时形成的冰晶体细小而多，冻结食品的品质好。在食品冰点至冰点以下 5℃ 范围，是最大冰晶生长区，这时冷冻曲线最平坦，因为在结冰过程中，放出大量潜热，必须提供足够的冷量，才能使冻结食品的品温快速通过最大冰晶生长区，这时冰晶的成核作用大于晶体生长作用，形成的冰晶数量多、体积小，这样冻结食品的品质就好。这就是食品速冻的原理。

当食品温度降低时，冰结晶首先在细胞间隙中产生。如果快速冻结，细胞内外几乎同时达到形成冰晶的温度条件，组织内冰层推进的速度也大于水分移动的速度，食品中冰晶的分布接近冷冻前食品中液态水分布的状态，冰晶呈针状结晶体，数量多，分布均匀。如果缓慢冻结，冰晶首先在细胞外的间隙中产生，而此时细胞内的水分仍以液相形式存在，由于在相同温度下水的蒸气压要大于冰的蒸气压，因此在蒸气压差的作用下，细胞内的水分透过细胞膜向细胞外的冰结晶移动，使大部分水冻结于细胞间隙内，形成大冰晶，并且数量少，分布不均匀。冻结速度与冰晶形状的关系参见表 2-2。

表 2-2　冻结速度与冰晶形状的关系

冻结通过$-5\sim$ 0℃的时间	位置	形状	冰结晶大小（直径×长度）	数量	冰层推进速度(I)与水分 移动速度(W)关系
数秒	细胞内	针状	$(1\sim5)\mu m\times(5\sim10)\mu m$	无数	$I>W$
1.5min	细胞内	杆状	$(0\sim20)\mu m\times(20\sim50)\mu m$	多数	$I>W$
40min	细胞内	柱状	$(50\sim100)\mu m\times100$ 以上 μm	少数	$I<W$
90min	细胞外	块状	$(50\sim200)\mu m\times200$ 以上 μm	少数	$I<W$

食品冻结过程中因细胞汁液浓缩，引起蛋白质冻结变性保水能力降低，使细胞膜的透水性增加。缓慢冻结过程中，因晶核形成数量少，冰晶生长速度快，所以生成大冰晶。水变成冰体积要增大 9% 左右，大冰晶对细胞膜产生的胀力更大，

使细胞破裂，组织结构受到损伤，解冻时大量汁液流出，致使食品品质明显下降。快速冻结时，细胞内外同时产生冰晶，晶核形成数量多，冰晶细小且分布均匀，组织结构无明显损伤，解冻时汁液流失少，解冻时的复原性好，所以快速冻结的食品比缓慢冻结的食品质量好。

实际上被冻物总有一定体积，冻结速度从表面到中心明显变慢。要保持统一冻速是困难的，而这种由于冻速差别引起的质量变化如在允许限度之内，则冻速稍慢些亦可以。冻结不仅仅单纯把食品冻起来这一工序，还有贮藏流通环节。流通中温度波动就产生重结晶从而使冰晶增大。这样看来似乎快速冻结没有多大意义。但从提高食品质量这一角度看，只有迅速把食品温度降低到−18℃才能抑制微生物活动、延缓生化反应，从而得到较高质量的食品。所以，冻结速度不能太慢。

2. 食品的冻结曲线和最大冰晶生成带

食品冻结时，随着时间的推移表示其温度变化过程的曲线称为食品冻结曲线。图2-6显示冻结期间食品温度与时间的关系。不论何种食品其温度曲线在性质上都是相似的。图中多条曲线表明冻结过程中的同一时刻，食品的温度始终以表面为最低，越接近中心部位温度越高，不同深度温度下降的速度是不同的。另外，冻结曲线平坦段的长短与冷却介质导热的快慢关系很大。冷却介质导热快，则曲线平坦段短。

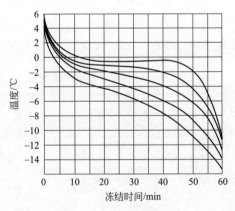

图2-6　食品冻结曲线

食品的冻结曲线表示食品冻结过程大致可分为三个阶段。第一阶段是食品从初温降至冻结点，放出的是显热；此热量与全部放出的热量相比较小，故降温快，曲线较陡。第二阶段是食品温度达到冻结点后，食品中大部分水已冻结成冰，水转变成冰过程中放出的相变潜热通常是显热的 50～60 倍，食品冻结过程中绝大部分的热量是在第二阶段放出的，故温度降不下来，曲线出现平坦段。对于新鲜食品来说，一般温度降至 −5℃时，已有 80％的水分生成冰结晶。通常把食品冻结点至 −5℃的温度区间称为最大冰晶生成带，即食品冻结时生成冰结晶体最多的温度区间。由于食品在最大冰晶生成带放出大量热量，但食品温度降不下来，组织易受到机械损伤，食品构成成分的胶体性质也会受到破坏，因此，最大冰晶生成带也是冻结过程中对食品品质带来损害最大的温度区间。第三阶段是残留的水分继续结冰，已成冰的部分进一步降温至冻结终温。水变成冰后其比热容下降，冰进一步降温的显热减小，但因还有残留水分结冰放出冻结潜热，所以降温没有第一阶段快，曲线也不及第一阶段那样陡。

根据冻结过程三个阶段的特点，生产上应注意：第一阶段，此温度范围内微生物和酶的作用不能抑制，必须迅速通过；第二阶段，80％以上的水分在该阶段冻结，要快速通过以形成细小、分布均匀的冰晶；第三阶段，微生物和酶要到 −15℃以下才能得到较完全抑制，故也必须加速通过此阶段。

3. 冻结时所放出的热量

一定重量的食品，在冻结过程中所放出的热量由三部分组成：①冷却时放出的热量，食品由初温降至结冰温度时所放出的热量；②形成冰时的热量，相变热；③自冰点至冻结终温时放出的热量。结合图 2-6 中的冻结曲线可以看出，冻结时三部分热量是不相等的，以水变为冰时放出的热量为最大。全部冻结所放出的总热量为三部分热量之和。

冻结过程中总热量的大小与食品含水量密切相关，含水量大的食品其总热量亦大。总热量计算可用式(2-2) 焓差法来表示：

$$Q = m(\iota_2 - \iota_1) \tag{2-2}$$

式中　ι_1——食品初始状态的焓值，kJ/kg；

　　　ι_2——食品冻结终了时的焓值，kJ/kg；

　　　m——食品质量，kg。

一般冷库工艺设计时，此总热量即为冷耗量，计算耗冷量都用焓差法，较简便。

4. 冻结时间

冻结时间计算式(2-3) 为：

$$z = \frac{\Delta H \rho}{\Delta t}\left(\frac{Px}{\alpha} + \frac{Rx^2}{\lambda}\right)\left.\begin{matrix} \\ \\ \end{matrix}\right\}$$
$$\Delta t = t_p - t \qquad\qquad\qquad (2\text{-}3)$$

式中　z——食品冻结时间，h；

　　ΔH——食品初温和终温时的焓差，kJ/kg；

　　ρ——食品密度，kg/m³；

　　t_p——食品的冰点温度，℃；

　　t——冷却介质的温度，℃；

　　x——板状食品表示厚度，圆柱或球状表示直径，m；

　　α——食品表面的放热系数，kJ/(m²·h·℃)；

　　λ——冻结食品的导热系数，kJ/(m·h·℃)；

　P 和 R——食品形状有关的系数。

　　从上式可以看出，对于确定的一种食品，它的 ΔH、ρ、λ、t_p 都可作为常数，而 x、α、t 却是可以改变的。这些数值改变必将对冻结时间产生影响，因此缩短冻结时间可从改变 x、α、t 三方面来考虑。减小 x 值，即减小冻品厚度；增大 Δt 值，即降低冷冻介质的温度；增大 α 值，即增加传热面的放热系数。

　　5. 速冻过程中冰晶形成对食品品质的影响

　　在通常的食品冷冻加工过程中，冻结首先发生在食品表面。由于水的相变潜热很大，因此食品温度下降较为缓慢，这就导致冰晶成核数目较少，而细小的晶核又有时间得以长大成粗大的冰晶，并向食品中央缓慢推进。这种冰晶首先在细胞间隙产生，而细胞内的过冷水在达 0℃ 时将呈过冷状态而不结冰。过冷状态甚至在温度低至 −5℃ 时仍能维持。此过冷水的蒸气压比细胞间隙中生成的冰晶的蒸气压要高，因此细胞内的水分将经细胞壁向外渗透，这导致在细胞间隙中形成更大的冰晶，其体积甚至要比细胞体积大几倍，从而引起细胞脱水，冰晶体积增大产生的局部机械应力使细胞分离，直至细胞壁破裂。当细胞内也形成冰晶时则会引起细胞结构发生变位以致破坏，食品组织结构严重破坏，品质劣化。食品冻结引起的上述变化，包括结构的破坏、功能的损伤，一般都是不可逆的。冻结速率是产品内某点温度下降的速率或产品内冰峰前进的速率。固体含量低的食品如植物性食品，通常比大多数动物性食品受冻结速率的影响大。这类食品尤其是果蔬等植物性食品的细胞被破坏后，在解冻时将造成汁液流失，使食品无法保持其原有的色香味和营养价值，产品品质下降。随冻结速率的增加以及温度的下降，所生成冰晶将变小，细胞成分的迁移范围也将变小，它造成的上述危害也就越小。

采用食品速冻加工技术，生成的冰晶细小而数量多，分布也均匀。在速冻过程中细胞内外不会发生水分的渗透和迁移，对食品组织结构的损伤最小。速冻食品在解冻后，食品组织中的水分大部分停留在速冻前食品中的原有位置，故能被食品细胞迅速吸收而不致流失，冷冻前后食品中水分的分布与结合基本没有发生变动，从而最大限度地保持了原有天然食品的风味与品质。

第二节　产品的冻藏

一、冻藏过程中的物理变化

产品冻藏过程中主要的物理变化是水分迁移和重结晶。这两种现象都与产品内部和表面冻结水的稳定性有关。

1. 水分迁移

冻藏期间，由于产品内部存在温度梯度，会使产品内部蒸气压分布不均匀，从而导致水分迁移和再分布。水分迁移的总趋势是移动到食品周围的空间，并在产品表面和内包装表面积聚。包装冷冻食品中的水分迁移会导致包装内部形成冰晶体。温度波动造成水分从内部向食品表面或包装袋发生净转移。包装材料温度随着储藏室温度而变化，但变化的速率要比食品本身快。由于环境温度下降，空隙内的水分会升华并扩散到包装薄膜上，环境温度上升时，包装袋上的冰就会扩散到食品表面；但是，水分不可能在原来位置发生重吸收，因此，这个过程可视为不可逆的。随着冻藏时间的延长，因水分迁移带来的失水率有明显升高的趋势。维持产品和包装体内部小的温度波动和温度梯度，并在产品和包装体内设置内部阻隔物，使水分迁移最小化。

2. 重结晶

前面提过，烘焙产品经过速冻会形成大量体积小的冰晶体。然而，冻藏过程中的冰晶体会发生形态变化。重结晶降低了速冻优点。重结晶包括冰晶数量、大小、形状、定位以及晶体完整性方面发生的任何变化。冻结态水溶液中的重结晶过程是冰晶平均尺寸随时间增加的过程。小冰晶体是热力学不稳定的体系，有较高的比表面积，因此有大量过剩的表面自由能。自由能最小化的净结果是在冰相容积不变的情况下冰晶数目减少，但其平均冰晶粒径增加。因为小冰晶体赋予食品较好的品质，而大冰晶体常常会在冷冻过程中对食品造成伤害。在温度波动下，当温度上升，小冰晶融化，而在温度下降时，未冻结相不会再形成冰晶，而是附着在大的冰晶表面冻结。因此，通过采用速冻让90％的水分在冻结过程中来不及移动，就在原位置变成极微细的冰晶，并且冻藏温度要尽量低，稳定在−18℃以下，是有效防止冻藏过程中冰晶长大和重结晶的办法。

二、冻藏过程中的化学变化

速冻导致非冻结区溶液浓度升高，引起离子强度上升，从而会影响生物高分子结构。水的结构和水-溶质相互作用可能会改变，并且如蛋白质一类高分子物质间的相互作用可能增加。冰晶体形成可促使食品组织内容物释放，一些通常不在完整细胞内发生的反应有可能因冻结而发生。酶类与不同底物接触的可能性增加，使得食品品质在冻藏期间劣化。许多酶经过冻结和解冻后依然表现出较高活性，并且，许多酶在部分冻结体系中表现出相当明显的活性。冻结通常会引起化学变化，温度和非冻结区内反应物浓度是影响冷冻食品化学反应速率的主要因素，低温会使反应速率下降，而未冻结区溶质浓度增加却会使反应速率上升。冻藏期间发生的主要化学变化有：酶促反应、蛋白质变性、氧化反应等。

1. 酶促反应

低温贮藏可以降低酶的活性，但不能使之失活，脂肪酶、磷脂酶和蛋白酶之类的氧化酶，在冻藏期间仍可保留活力。脂肪酶可水解甘油三酯，油脂水解会引起不良风味和质构变化。用于冷冻面团的小麦粉为提升面粉品质（漂白）会加入脂肪酶，但用量都是非常慎重的，包括在面团配方用的改良剂里也一般选择不含有脂肪酶。

2. 蛋白质变性

冷冻引起蛋白质损伤的主要原因包括冰晶的形成和重结晶、脱水、盐浓度、氧化作用、油脂成分的变化和某些细胞代谢物的释放。

冻结会使蛋白质暴露在盐浓度不断上升的非冻结相，高离子强度会与原有静电键发生与蛋白质结合的竞争，从而使天然蛋白质结构改变；冻结还会使蛋白质溶解性降低，水与蛋白质之间的结合受到蛋白质之间结合作用或其它交互作用的取代，蛋白质因脱水而失去蛋白质-溶剂间的相互作用，弱极性介质中的蛋白质分子的疏水链会有较大暴露，使蛋白质构象发生改变。为维持最小的自由能，蛋白质之间会产生疏水性和离子性的相互作用，导致蛋白质变性和聚集。

　　3. 氧化反应

　　酶促和非酶促途径都能引起油脂氧化。油脂氧化是自由基反应的复杂过程。在初始阶段，脂肪酸失去一个氢原子，产生一个脂肪酸烷基自由基，其在有氧情况下又转化成脂肪酸过氧化自由基。下一步，该过氧化自由基取代相邻脂肪酸的氢原子，形成一个过氧化氢分子和一个新的脂肪酸烷基自由基。过氧化氢的分解导致自由基反应进一步进行。脂肪酸过氧化氢分解形成醛和酮是产生特征性风味和气味物质（酸败）的主要原因。

三、冻藏过程中的机械损伤

　　冻藏过程中，微细的冰结晶会逐渐减少、消失，而大的冰晶逐渐生长变大，一段时间后，食品中冰晶的尺寸、形状和位置均发生了变化。特别是在温度发生波动时，细胞间隙的冰结晶长大就更为明显。冰结晶长大不仅会给食品带来粗糙的口感，也会对面筋组织产生很大的伤害。

四、冻藏过程中的微生物学

　　速冻及随后的冻藏作为冷冻烘焙产品保藏手段的主要目的是通过延缓或抑制微生物生长来延长产品贮藏期。但冻藏不能看成一种降低微生物污染的方法，只要温度回升，微生物就很快繁殖起来，所以加工以前的卫生清洁条件很重要。低于−10℃的贮藏温度可抑制细菌生长，而酵母和霉菌分别要到−12℃和−18℃才能停止繁殖。

五、冻藏原理

　　经过以上分析，引起产品品质下降甚至变质的主要原因是微生物作用、在酶催化下的生物化学反应以及水分迁移带来的水分散失、重结晶对细胞结构的破坏。比如冷冻面团，水分在冻藏过程中从面团中散失，硬度提高，面筋网络连接性变差，并且受到冰晶形成对其物理破坏，由冷冻面团制作的现烤面包，其弹性、内聚性、咀嚼性都随时间延长而降低，而这些作用的强弱与冻藏的温度和水分活度有关。一般来讲，保持低温，减缓冷冻烘焙产品内部微生物的活动、生物化学反应等，另外要避免温度变化太过剧烈，防止其内部发生冻融，才能避免内部结构发生破坏，从而保持良好的产品品质，这就是食品冻藏基本原理。

六、冻藏温度

对于冷冻烘焙产品来说，温度相对越低，品质保持越好，贮藏期越长。但是考虑到包装、制冷设备的投资费用及电耗等日常运转费用，就存在一个经济性的问题，即冻结食品冻至什么终温度最经济，冻结食品在什么温度下贮藏最经济。时间证明，−18℃是最经济的冻藏温度，在此温度下，微生物的发育几乎完全停止，食品内部的生化反应大大受到抑制，食品表面冰晶的升华量较小，食品的耐藏性和营养价值得到良好的保持，总而言之，在此温度下可贮藏相对长的时间且所花费的成本也比较低。冻藏温度的变动也会给冻品质量带来很大影响，从某种意义上来说，冻藏温度与冻结速度对冻品品质的影响是同等的，甚至更大，我们要十分重视冻藏温度，严格加以控制，使它稳定、少变动，才能使冻结食品的优良品质得到保持。

以冻结状态流通的食品，它的品质主要取决于四个因素：原料固有的品质，冻结前后的处理及包装，冻结方式，产品在流通过程中所经历的温度和时间。现在的冻结食品，一般都是使用品质好的原料，如能正确地进行冻结前后的处理，采用快速深温冻结，生产出来的冻结食品就有高品质，称为初期品质优秀。但是对于商品来说，更重要的是使用时的品质，也就是冻结食品从生产出来，经过冻藏、运输、销售等流通环节，最后到消费者手上时能否保持品质优秀。概括地说，冻结食品的最终品质，受流通环节品温的影响是很大的，品温高低变动，就会逐渐失去它的优秀品质，甚至变质不能食用。

第三节　制冷的基本方法

一、制冷的方法

我们可以将制冷的机制分解为两个过程，一是使制冷剂"降温"的过程，二是使制冷剂在低温下"吸热"的过程。

（1）使制冷剂"降温"。主要为绝热节流和绝热膨胀做功两种方法：①绝热节流，让高压流体绝热地流经节流装置以降低压力，从热力学角度来说，它是个等焓降压过程；对于处于汽液两相区的流体，绝热节流一定能达到降温的效果，因为在两相区内，饱和温度是压力的单调函数；目前最常用的蒸汽压缩式制冷，都是利用绝热节流来降温的。②绝热膨胀做功，主要用于气体；当气体通过膨胀机绝热膨胀做功时，总能达到降温的效果。

（2）使制冷剂在低温下"吸热"。对于常用的制冷系统，制冷剂是以"潜热"或"显热"的方式吸热的。

二、冷冻的方法

按冷冻所用的制冷介质有如下分类。

1. 空气鼓风冷冻

此法所用的介质是低温空气。常见的是速冻隧道、速冻柜、速冻塔，主要有下列两种形式。

① 被冷冻的食品装在小车上推进隧道或速冻柜，在隧道中被鼓进的低温空气冷却、冻结后再推出隧道。主要用于产量小于 200kg/h 的场合。目前所用的低温气流，流速为 $2\sim3m/s$；温度为 $-40\sim-35℃$，其相应制冷系统蒸发器温度为 $-52\sim-42℃$。食品在隧道中停留的时间为 40min～4h。

② 被冷冻的食品也可以用传送带输入隧道或螺旋塔，食品在传送带上连续进出。食品可以是包装好的，也可以是散装的。其设计可根据产量和场地进行设置。目前所用的低温气流，流速为 $4\sim5m/s$，温度为 $-40\sim-35℃$，其相应制冷系统蒸发器温度为 $-52\sim-42℃$，食品在隧道中停留的时间为 20min～1h。

2. 直接接触冷却食品

此法采用低温金属板（冷板）为蒸发器，内部是制冷剂直接蒸发，也可以是载冷剂，如盐水等，食品与冷板直接接触进行冻结。对于 $-35℃$ 的冷板，一般食品的冻结速度约为 25mm/h。

3. 利用低温介质 CO_2 和液氮对食品喷淋冷冻

此法又称为深冷冻结，主要特点是，将液态氮或液态 CO_2 直接喷淋在食品表面进行急速冻结。用液氮或液态 CO_2 冻结食品时，其冻结速率很快，冻品质量也高，但要注意防止食品冻裂。此法的传热效率很高，初期投资很低，但运行费用较高。

4. 冷冻干燥

食品先被冻结，再在真空下升华脱水，就可密封在常温下保藏。

第四节　冻结装置

食品冷冻作为一个保存食品和延长食品货架期的方法已经被广泛使用。冷冻主要包括两个过程：第一，温度降低；第二，液体向固体转变。当前，有很多类型的冷冻设备，但是不同的产品适用于不同的冷冻设备。对于大多数产品而言，适用的冷冻设备不止一种。选择何种冷冻技术以及冷冻速率大多取决于产品需求和成本。在决定选用何种冷冻设备的时候，投资回报分析是必要的。然而，即使成本分析涵盖了冷冻设备整个使用寿命下的所有成本，也还是很难确定冷冻设备花费的准确费用。还有其它因素需要考虑，即：①产品损害；②卫生；③安全；④能源回收，以及冷冻设备作为工艺线的一部分。冷冻技术包括机械式冻结法（如风冷、平板、螺旋、涡轮、浸入式、带式流态化冻结）和低温液体冻结法。机械式冻结法广为使用，而且也为商用很久了。低温液体冻结法，其温度远远低于机械式冷冻，虽然引入年限相对机械式冷冻法晚，但是低温液体冻结法凭借自身众多优势而在工业上有着绝对的地位。

一、低温液体冷冻装置

一种食品，温度下降速度越快，形成的冰晶就会越小，造成的损伤也就会越小。低温液体冷冻相对来说产生的冰晶小一些，与机械式冷冻设备的根本差异在于，低温液体冷冻设备不与制冷设备连接，其热交换依赖的是液氮或 CO_2。

将食物放于烤盘上，再将其放入箱内，设定好程序，固体二氧化碳或液氮在大容量风机的作用下喷雾到箱内，箱内温度快速下降到冻结点以下。食品表皮也因此快速冻结，就好比用一个冷冻的覆盖物封存了食品，降低了水分的丧失，保留食品的风味。对于较大或连续性生产的食品，可以采用冷冻隧道，这就适合于面团、蛋糕、曲奇、派、卷等。这些烘焙类的产品直接放在移动的输送带上，然后再经过低温液体喷雾和一连串的风机实现快速降温。

低温浸入式风机适合一些可以直接放入冷冻剂里（液氮、二氧化碳）的产品。浸入式冷冻能够快速降低产品温度，但是不适合体积大的产品，这些产品有太多热能需要散失。这个是工业上实现最快降温的方法。它可以有 $-195℃$ 极低液氮温度，浸入时间是可调整的。这个方法可以用于草莓、切丁或切片水果等。然而，在烘焙里比较受限制。

二、机械式冷冻装置

在需要长时间冷冻或冷冻时间不固定的情况下，低温液氮或液体二氧化碳不容易获得，而应用空气冷冻的机械式冷冻装置在这方面有很多优势，为大家广泛接受。它由隔热外壳、压缩机、蒸发器和冷却器组成。当然它也有缺点，如高的初始投资成本、食品失水高、需要不断除霜。一般制冷系统的工作原理是液体转变为气体或水蒸气，吸收热量，达到将周围任何物体降温的目的。

三、鼓风式冷冻装置

空气高速吹过产品，增加热交换。可以是间歇式或连续式。在间歇式里，人工装上产品，速冻完成后，再人工将产品从冷冻装置里拿出来。而在连续式里，产品在烤盘里或输送带上移动，螺旋式速冻塔可以实现在小的空间里完成速冻。风冷式冷冻系统适合于密度高或者体积大的带包装产品，如鸡肉、果汁罐头。水分的丧失是个问题。空气速度对于冷冻速率有直接影响。一般高速带来的是最有效的冷冻。低速对于一些食品，比如烘焙产品，是必要的。因为有个比较低的速度，防止杀死酵母，还是非常有必要的。

四、流床化冷冻系统

产品输送至冷冻系统，高速空气垂直吹向产品，使产品流化。悬浮的食品颗粒热交换速率高，停留时间也会很短。大多数水果和蔬菜可以在 $3\sim5min$ 内冷冻。该系统仅适用于一些小体积的食品，比如蓝莓、草莓、豌豆等。用此系统来速冻一些大体积的食品因其需要较高的能量而不可取。

五、接触式冷冻装置——平板冷冻装置

产品直接接触有着冷冻温度的平板材料，并且一般受到两块平板的按压。直接接触通过导热增加热交换。平板内有制冷剂循环制冷，可能是阶段式的也可能是连续性的。每层空间不需要太大，因为热交换靠的不是空气的流动，而且耗用的能源也会比较小，仅适用于表面平整的产品。平板冷冻机最常用于鱼的冷冻。

第五节　选择最佳制冷系统

大多数适当的制冷系统是投资和操作成本两方面调和的结果，因为许多情形下，最简单的系统操作起来效率并非最高。在制冷机组进行规划时需要考虑下列关键因素：①系统所要处理的产品种类；②系统所需处理的产品量；③系统要求的产品输入条件；④加工过程的时间；⑤要求的输出条件；⑥期望的设备能效；⑦可供产品冷却设备安装的场地面积；⑧制冷机组安装位置；⑨设备预算；⑩性能参数。

一、系统所要处理的产品种类

在冷藏间或冷冻间，若只是要求将产品温度维持在预定值，那么产品种类并不太重要。但用于冷却降温等短时加工过程，产品种类与冷冻器和冷却器操作有很大关系，不同的传热行为，决定制冷机组的制冷量。制冷效率不仅仅与产品热力学性质（密度、比热容、潜热、热导率、水分含量）有关，产品大小与形状、产品在空气流中的取向，以及包装材料都可能明显增加冷冻时间。

二、系统所需处理的产品量

产品容积恒定而密度发生变化时，不同级别产品所需的冷冻时间会发生很大变化。制冷机组的性能参数必须阐明；需要加工的产品质量、物理形状以及包装物的质量和类型，还有运输设备。系统制冷负荷可根据给定时间要求处理的产品质量计算得到，而不是根据产品容积计算。

三、系统要求的产品输入条件

输入条件分两类：连续式和间歇式。螺旋和隧道式冷冻机属于连续式冷冻机。通常，直接来自制备加工区域的产品通过输送机输入这类冷冻机。连续式冷冻机较适用于只需要短时冷冻的较小产品，也适用于冷冻结束时对外观有要求的产品，产品在冷冻机内所经过的时间称为滞留时间，不同产品的滞留时间可以通过调节输送带的速度实现。鼓风式和板式冷冻机为间歇式冷冻机，整个冷冻过程，产品保持在冷冻机内，冷冻过程结束后取出。间歇式冷冻机适用于大体积，特别是包装后成堆产品的冷冻。

四、加工过程的时间

要在一定时间内使产品中心达到规定的温度，这一时间由产品的大小、形状和物理性质确定。如果生产能力已经确定，则不论是间歇式（如鼓风式冷冻机）还是连续式（如螺旋式冷冻机），都只能使体积大冷冻缓慢的产品在冷冻机内滞留足够长的时间。这不仅规定了冷冻机的大小和投资成本，也规定了制冷机组的大小。

五、要求的输出条件

对于冷冻机，通常必须规定在一定时间内要求达到的产品中心温度。冷冻过程开始的几分钟内，产品表面的温度会降到与冷冻空气或换热器表面相差几度的温度，因此，冷冻过程不能用表面温度作指标。通常，冷冻机以产品中心温度−18℃作为接受评判标准，尽管这一温度最初是根据盐和冰混合物的初始冻结点确定的，从而不直接与产品品质有关，但它仍然有一定的合理性。另外，系统指标也可以考虑是否可以采用稍高中心温度，比如可以接受−15℃甚至−10℃的中心温度，则可以大大节省能耗，从而缩短冷冻时间或提高空气温度。将未完成冷冻的产品置于冷冻室完成冷冻的做法不可取，这对产品品质或效率来说都不利。产品必须得到充分冷冻，这样可以在不使产品表面或包装受到损伤的情形下进行搬运。

六、期望的设备能效

具体规定制冷设备能耗效率实际上比较困难，因为制冷设备的效率往往与蒸发器大小和类型、设备使用及安装方法等因素有关。但必须重视系统设计者和合同商提出的动力消耗指标，因为在采购阶段若难以做出动力消耗指标的决定，而到后来再进行修改，花费就比较昂贵。应当要求每个投标者提供详细的有关蒸发器和冷凝器大小、压缩机预期能耗和附属设备的详细情况。应当将潜在供应商的资料放在一起进行比较，并且，对于效率较高的机型，还应要求提供适当的成本内容。系统指标应当包括度量机组能耗的方法。至少，每一大件设备应当有用电的能耗指标，可能的话，还应当将信息整合到任何图形监控系统中，这样，可使效率分析尽量变得容易。

七、可供产品冷却设备安装的场地面积

间歇式和连续式这两种类型制冷设备的总体空间要求都要比被冷冻产品的物理尺寸大得多。对于鼓风式冷冻机，一般的空气冷却器比较大；占地面积约为整个冷冻机的 25％，并且还要为循环于产品与空气冷却器之间的空气流动留出空间。所用的物料输送设备必须与冷却机相配，对于较小的产品，常将产品装在输送带上的盘子中，但较大的产品通常需要小推车或用铲车将产品装到小车上。冷冻机内的产品排列必须为拖车的活动留出足够空间，但也必须确保空气能均匀地通过所有产品。

螺旋冷冻装置通常比隧道式冷冻装置占地面积小，但要比它高。这两种形式的冷冻装置周围都必须留有足够的空间，以便于维修，包括氨设备蒸发器的除油。隧道式冷冻机长而窄，但可以通过采用多层形式缩小总体长度。其中的空气流动通常与产品流相错，如果有可能，可以将隧道分成若干温度区，这样，一些设备可在较高蒸发温度下运行。另一种方式是，如果空气流动与隧道长度方向平行，那么，可以获得较大的温度升高，这样可以降低空气用量，从而可以大大节省风机能耗。然而，这种情形下，蒸发温度要根据空气循环最冷部分需要的温度确定。

八、制冷机组安装位置

对于通常小于 10kW 的较小冷冻机，制冷设备可与冷冻机构建成一个单元。如果该单元为风冷式，那么，室内冷却系统的热负荷约为冷却容量的 2 倍。而对于与建筑相连的水冷式单元，可以使用冷却水或甘油系统。一个冷凝单元的最大热负荷约为 20kW；压缩机与冷凝器构成机组可装在室外，或装在天花板上方。对于较大的冷冻机，一般用远程式制冷系统，并且安装在专门制冷机房内。制冷机尽量靠近冷冻机以缩短连接管路，可以降低制冷机组投资成本和运行成本。在工厂建筑设计阶段，应当注意制冷机组的平面布置。大型机组一般用泵送循环方式，因此，管路设计时必须注意使泵送容器靠近冷冻机，并应当以干式管路将制冷剂回送到安装有压缩机、冷凝器和管路附属设备的机房内，因此，为了确保正确操作，必须注意系统的整体设计。

九、设备预算

项目小组应对设备价格有一个估计，通常要对设备功能进行分类，并分别估

计不同功能设备的购置和安装成本。

十、性能参数

性能参数必须清楚地描述设备预期能达到的指标，必须给出产量和产品类型范围，可能的话，要给出机组运行变化程度。性能参数还必须规定操作环境指标，包括环境的最高和最低温度以及湿度；应当规定部分操作的设备负荷，因为有可能要去附加设施，而这些附加设施可能会对系统效率有很大影响。例如，为一台从星期一早晨到星期五晚上连续运行的螺旋冷冻装置提供制冷量的系统，也要为附近冷库供冷。该系统必须能够在冷冻机不运行时为冷库提供冷量，否则就应当用其它方式，在冷冻机停机时为冷库供冷。

第六节　冷　　库

一、冷库的隔热与防潮

冷库隔热、防潮结构，是指冷库外部围护结构的建筑部分和隔热、防潮层的组合。冷库建筑按其功能、容量大小、自然条件和投资等因素不同，其隔热防潮结构分多层（传统土建式冷库）和单层（装配式冷库）两大类。

冷库隔热防潮结构的基本要求：①隔热层有足够的厚度和连续性；②隔热层应有良好的防潮和隔热性能；③隔热层与围护结构应牢固地结合；④隔热防潮结构应防止受虫、鼠类侵害并符合消防要求。

传统的单层、多层冷库隔热防潮层应有良好的连续性，即冷库外墙内壁隔热层与库顶、地面或多层冷库地板的隔热层连成一体，防止产生"冷桥"。冷桥在构造上破坏了隔热层和隔汽层的完整性与严密性，容易使隔热材料受潮失效。为了防止隔热层受潮，应将防潮层做在隔热层的高温侧，以有效阻止水蒸气由高温侧向低温侧渗透。冷库底层或单层库地坪，应铺设防潮和防水层，并保证其与墙体底部的防潮层相连接，以避免相接处水蒸气的渗透。

冷库常用隔热材料，传统冷库多用软木板、聚氨酯泡沫塑料及聚苯乙烯泡沫塑料等，今年新型冷库已较广泛使用硬质聚氨酯泡沫塑料、聚乙烯发泡体、泡沫玻璃及挤压型聚苯乙烯泡沫塑料等。其隔热性能主要取决于隔热材料的性能和"老化"，同时还取决于使用过程隔热结构的抗湿性和隔热材料的吸湿性。当冷库隔热结构受潮或隔热材料吸湿后，其隔热热阻会降低，引起隔热层的霉烂和崩解，建筑材料的锈蚀和腐朽，一旦水在隔热层内结冰又会破坏隔热结构，严重的将导致库体变形，甚至使整个冷库建筑报废。因此，冷库维护结构防潮、防止隔热材料受湿而采用隔绝水蒸气的渗入是非常重要的。

冷库用隔汽防潮材料要求水蒸气渗透系数低，并有足够的黏结性，能牢固地黏合在隔热结构上。在冷库工程中常用的隔汽防潮材料，有沥青隔汽防潮材料和聚乙烯或聚氯乙烯薄膜隔汽防潮材料两大类。

制冷设备和管道隔热的目的是减少冷量损失和回气过热，同时也为了防止设备和管路表面凝露、结霜。在冷库制冷工程中，某些设备和管道的常用隔热方法，是在其外表面覆盖一层隔热材料，并以适当的构造和形式构成隔热结构。合理的隔热结构，可以获得良好的隔热效果、减少冷量损失。

二、冷库热负荷的计算

热负荷计算分为五个部分：维护结构热流量 Φ_1；货物热流量 Φ_2；库房内通风换气热流量 Φ_3；电动机运转热流量 Φ_4；操作热流量 Φ_5，包括库内照明用电、操作工人等所散发的热量以及开门损失的热量等。

1. 冷间冷却设备负荷的计算

冷间冷却设备负荷应按式(2-4) 计算：

$$\Phi_s = \Phi_1 + P\Phi_2 + \Phi_3 + \Phi_4 + \Phi_5 \qquad (2-4)$$

式中　Φ_s——冷间冷却设备负荷，W；

Φ_1——维护结构热流量，W；

Φ_2——货物热流量，W；

Φ_3——通风换气热流量，W；

Φ_4——电动机运转热流量，W；

Φ_5——操作热流量，W；

P——货物热流量系数，冷却间、冷冻间和货物不经冷却而进入冷藏间的货物热流量系数 P 应取 1.3，其它取 1。

2. 冷间机械负荷的计算

冷间机械负荷应分别根据不同蒸发温度按式(2-5) 计算：

$$\Phi_j = (n_1 \sum \Phi_1 + n_2 \sum \Phi_2 + n_3 \sum \Phi_3 + n_4 \sum \Phi_4 + n_5 \sum \Phi_5)R \qquad (2-5)$$

式中　Φ_j——机械负荷，W；

　　　n_1——围护结构热流量的季节修正系数，宜取1；

　　　n_2——货物热流量折减系数；

　　　n_3——同期换气系数，宜取0.5～1.0（"同时最大换气量与全库每日总换气量的比值"大时取最大值）；

　　　n_4——冷间用的电动机同期运转系数；

　　　n_5——冷间同期操作系数；

　　　R——制冷装置和管道等冷损耗补偿系数，直接冷却系数宜取1.07，间接冷却系统宜取1.12。

货物热流量折减系数n_2应根据冷间的性质确定：对于冷却物冷藏间，n_2宜取0.3～0.6（冷藏间的公称体积为大值时取小值）；对于冻结物冷藏间，n_2宜取0.5～0.8（冷藏间的公称体积为大值时取大值）；对于冷加工间和其它冷间，n_2应取1。

冷间用的电动机同期运转系数n_4和冷间的同期操作系数n_5应分如下情况：当冷间总间数为1，n_4或n_5取1；当冷间总间数为2～4，n_4或n_5取0.5；当冷间总间数为5以上，n_4或n_5取0.4。冷间总间数应按同一蒸发温度且用途相同的冷间间数计算。

3. 各个冷间热负荷的计算

（1）维护结构热流量按式(2-6)计算：

$$\Phi_1 = K_w A_w a(\theta_w - \theta_n) \tag{2-6}$$

式中　Φ_1——维护结构热流量，W；

　　　K_w——维护结构的传热系数，W/(m^2·K)；

　　　A_w——维护结构的传热面积，m^2；

　　　θ_w——维护结构外侧的计算温度，K；

　　　θ_n——维护结构内侧的计算温度，K；

　　　a——维护结构两侧温差修正系数，其值的选用见表2-3。

表 2-3　维护结构两侧温差修正系数一览表

序号	维护结构部位		a
1	$D>4$ 的外墙	冷冻间、冻结物冷藏间	1.05
		冷却间、冷却物冷藏间	1.10

序号	维护结构部位		a
2	$D>4$ 相邻有常温房间的外墙	冷冻间、冻结物冷藏间	1.00
		冷却间、冷却物冷藏间	1.00
3	$D>4$ 的冷间顶棚，其上为通风阁楼，屋面有隔热层或通风层	冷冻间、冻结物冷藏间	1.15
		冷却间、冷却物冷藏间	1.20
4	$D>4$ 的冷间顶棚，其上为不通风阁楼，屋面有隔热层或通风层	冷冻间、冻结物冷藏间	1.20
		冷却间、冷却物冷藏间	1.30
5	$D>4$ 的无阁楼屋面，屋面有通风层	冷冻间、冻结物冷藏间	1.20
		冷却间、冷却物冷藏间	1.30
6	$D\leqslant4$ 的外墙：冻结物冷藏间		1.30
7	$D\leqslant4$ 的无阁楼屋面：冻结物冷藏间		1.60
8	半地下室外墙外侧为土壤		0.20
9	冷间地面下部无通风等加热设备		0.20
10	冷间地面隔热层下有通风等加热设备		0.60
11	冷间地面隔热层下为通风架空层		0.70
12	两侧均为冷间		1.00

注：D 为维护结构热惰性指标。

维护结构外侧的计算温度应按下列规定取值：①计算内墙和楼面时，维护结构外侧的计算温度应取其邻室的室温；当邻室为冷却间或冷冻间时，应取该类冷间空库保温温度；空库保温温度，冷却间应按 10℃，冷冻间应按 −10℃ 计算。②冷间地面隔热层下设有加热装置时，其外侧温度按 1~2℃ 计算；如地面下部无加热装置或地面隔热层下为自然通风架空层时，其外侧的计算温度应采用夏季空气调节日平均温度。

（2）货物热流量按式(2-7)计算：

$$\Phi_2 = \frac{M(h_1-h_2)}{nz} + \frac{m(T_1-T_2)C}{nz} + \frac{M(q_1+q_2)}{2n} \tag{2-7}$$

式中　M——食品冷冻加工量或贮藏量，kg；

　　　n——冷加工的周转次数；

　　　m——食品包装材料的质量，kg；

　　　C——食品包装材料的比热容；

　　　　z——食品加工时间，s；

h_1、h_2——食品冷加工或冷藏前后的热焓值，kJ/kg；

T_1、T_2——食品入库、出库时包装材料的温度，℃；

q_1、q_2——鲜蛋、水果、蔬菜入库时和出库时相应的呼吸热量，可查阅有关
　　　　　　资料。

　　食品在冷藏间内贮存量：生产性冷藏库冻结物冷藏间，按每昼夜冻结能力比例计入各冷藏间内；分配性冷藏库冻结物冷藏间，按该冷藏间库容量的 15% 计算，冷却物冷藏间则按库容量的 5% 计算。

　　（3）通风换气热流量按式（2-8）计算：

$$\Phi_3 = \Phi_{3a} + \Phi_{3b} = \frac{1}{3.6} \times \left[\frac{(h_w - h_n)nV_n\rho_n}{24} + 30n_r\rho_n(h_w - h_n) \right] \qquad (2\text{-}8)$$

式中　Φ_3——通风换气热流量，W；

　　　Φ_{3a}——冷间换气热流量，W；

　　　Φ_{3b}——操作人员需要的新鲜空气热流量，W；

　　　h_w——冷间外空气的比焓，kJ/kg；

　　　h_n——冷间内空气的比焓，kJ/kg；

　　　n——每日换气次数，可采用 2～3 次；

　　　V_n——冷间内净体积，m^3；

　　　ρ_n——冷间内空气密度，kg/m^3；

　　　24——1d 换算成 24h 的数值；

　　　30——每个操作人员每小时需要的新鲜空气量，m^3/h；

　　　n_r——操作人员数量。

　　注意：本热流量只存在于贮存有呼吸的食品的冷间；有操作人员长期停留的冷间如加工间、包装间等，应计算操作人员需要新鲜空气的热流量 Φ_{3b}，其余冷间可不计算。

　　（4）电动机运转热流量按式（2-9）计算：

$$\Phi_4 = 1000 \sum P_d \xi b \qquad (2\text{-}9)$$

式中　Φ_4——电动机运转热流量，W；

　　　P_d——电动机额定功率，kW；

　　　ξ——热转化系数，电动机在冷间内时应取 1，在冷间外时应取 0.75；

b——电动机运转时间系数，对空气冷却器配用的电动机取 1，对冷间内其它设备配用的电动机可按实际情况取值，如按每昼夜操作 8h 计，则 $b=8/24$；

（5）操作热流量按式(2-10)计算：

$$\Phi_5=\Phi_{5a}+\Phi_{5b}+\Phi_{5c}=\Phi_d A_d+\frac{1}{3.6}\times\frac{n'_k n_k V_n(h_w-h_n)M\rho_n}{24}+\frac{3}{24}n_r\Phi_r \qquad (2\text{-}10)$$

式中　Φ_5——操作热流量，W；

Φ_{5a}——照明热流量，W；

Φ_{5b}——每扇门的开门热流量，W；

Φ_{5c}——操作人员热流量，W；

Φ_d——每平方米地面面积照明热流量，冷却间、冷冻间、冷藏间、冰库和冷间内穿堂可取 2.3W/m^2，操作人员长时间停留的加工间、包装间等可取 4.7W/m^2；

A_d——冷间地面面积，m^2；

n'_k——门樘数；

n_k——每日开门换气次数，对需经常开门的冷间，每日开门换气次数可按实际情况取值；

V_n——冷间内净体积，m^3；

h_w——冷间外空气的比焓，kJ/kg；

h_n——冷间内空气的比焓，kJ/kg；

M——空气幕效率修正系数，可取 0.5，如不设空气幕时，应取 1；

ρ_n——冷间内空气的密度，kg/m^3；

3/24——每日操作时间系数，按每日操作 3h 计算；

n_r——操作人员数量；

Φ_r——每个操作人员产生的热流量，冷间设计温度高于或等于 $-5℃$ 时宜取 279W，冷间设计温度低于 $-5℃$ 时宜取 395W。

注意：冷却间、冷冻间不计 Φ_5 这项热流量。

三、冷库冷负荷的估算方法

在某些情况下，食品冷加工或冷藏冷负荷是经常变化的，有的则无法计算，此时，可进行估算冷负荷。总的冷负荷可分为两部分：其一，通过维护结构散失的冷量，可按前面所讲的方法计算；其二，运行冷负荷，按式(2-11)计算。

$$\Phi_r = V f_r \Delta T \tag{2-11}$$

式中　Φ_r——运行冷负荷，W；

　　　V——冷库容积，m^3；

　　　f_r——运行系数，见表 2-4；

　　　ΔT——库内外的温差，K；

表 2-4　运行系数

冷藏库容积/m^3	$f_r / [W/(m^3 \cdot K)]$	冷藏库容积/m^3	$f_r / [W/(m^3 \cdot K)]$
140	0.31	1400	0.14
200	0.24	2100	0.14
280	0.19	2800	0.13
560	0.16		

四、冷库容量计算

冷藏间或冷冻间的容量决定于：①冷藏间或冷冻间的生产能力；②货物堆放形式；③贮藏时间。

冷库的冷却物冷藏间和冻结物冷藏间的容量总和，称为该冷库的总容量。冷藏库的容量有三种表示方法。

(1) 公称体积。为冷藏间或贮冰间的净面积（不扣除柱、门斗）乘以房间净高而得；

(2) 冷库贮藏吨位。冷却物冷藏间、冻结物冷藏间及贮冰间的容量（贮藏吨位）可按式(2-12)计算：

$$G = \frac{\sum V \rho \eta}{1000} \tag{2-12}$$

式中　G——冷库贮藏吨位，t；

　　　V——冷藏间、冰库的公称体积，m^3；

　　　ρ——食品的计算密度，kg/m^3；

　　　η——冷藏间、冰库的容积利用系数；

　1000——吨换算成 kg 的数值，kg/t。

(3) 冷库实际吨位，按式(2-13)实际堆货的情况计算而得，

$$G_s = \frac{\sum V_s \rho \eta}{1000} \qquad\qquad (2\text{-}13)$$

式中　G_s——冷库贮藏吨位，t；

　　　V_s——冷藏间、贮冰间的实际堆货体积，m^3；

　　　ρ——食品的计算密度，kg/m^3；

　　　η——冷藏间、冰库的容积利用系数。

以上三种表示方法中，公称体积是较为科学的描述，与国际接轨的方法；计算冷库贮藏吨位是国内常见的方法；冷库实际吨位是具体贮藏的计算方法。常见食品密度及冷库空间利用系数见表 2-5。

表 2-5　常见食品密度及冷库空间利用系数一览表

序号	食品类别	密度/(kg/m³)	公称体积/m³	空间利用系数
1	冻肉	400	500～1000	0.4
2	冻鱼	470	1001～2000	0.5
3	鲜蛋	260	2001～10000	0.55
4	鲜蔬菜	230	10001～15000	0.6
5	鲜水果	230	>15000	0.62
6	冰蛋	600		
7	其它	按实际密度采用		

第七节　冷链的概念和组成

一、食品冷链的概念

冷链是在 20 世纪随着科学技术的进步、制冷技术的发展而建立起来的一项系统工程。它是建立在食品冷冻工艺学的基础上，以制冷技术为手段，使易腐农产品从生产者到消费者之间的所有环节，即从原料（采收、捕捞、收购等）、生产、加工、运输、贮藏、销售流通的整个过程中，始终保持合适的低温条件，以保证食品的质量，减少损耗。这种连续的低温环节称为冷链。因此冷链建设要求把所涉及的生产、运输、销售、经济和技术性等因素集中起来考虑，协调相互间的关系，以确保易腐农产品、食品的加工、运输和销售。

二、食品冷链的组成

食品冷链主要包括原料前处理环节、预冷环节、速冻环节、冻藏环节、流动运输环节、销售分配环节等。

（1）食品冷加工阶段。包括原料前处理、预冷和速冻环节，可以称之为冷链的"前端环节"，包括肉类、鱼类的冷却与冻结，果蔬的预冷与速冻，各种冷冻食品的加工等，主要涉及冷却与冻结（速冻）装置。

（2）冻藏阶段。主要是冷却物的贮藏和冻结物的冷藏，这是冷链的"中间环节"，主要涉及各类冷藏库、冷藏冷冻柜、各种冰箱等设备。

（3）冷链运输阶段。贯穿于整个冷链的各个阶段，包括食品的中、长途运输及短途送货等。主要涉及铁路冷藏车、冷藏汽车、汽车船、冷藏集装箱等低温运输工具。

（4）销售与分配阶段。是冷链的"末端环节"，包括冷藏、冷冻食品的批发及零售等，超市中的冷藏陈列柜兼有冷藏和销售的功能，是食品冷链的主要部分之一。

三、食品冷链的结构

食品冷链的结构大体如图 2-7。

图 2-7 食品冷链结构示意图

冷链中的各环节都起着非常重要的作用，是不容忽视的。同时，要保证冷链中食品的质量，对食品本身也有如下要求：①原料及食品应该是完好的，最重要的是新鲜度，如果食品已开始变质，低温也不可能使其恢复到初始状态；②食品生产、收货与冷冻间隔的时间越短越好。

四、冷链运输工具

冷链运输是食品冷链中十分重要而又必不可少的一个环节，由冷链运输设备来完成。冷链运输设备是指本身能产生并维持一定的低温环境，用来运输冷冻食品的设施及装置，包括冷藏（冻）汽车、铁路冷藏（冻）车、冷藏（冻）船和冷藏（冻）集装箱等。从某种意义上讲，冷链运输设备是可以移动的小型冷藏（冻）

库。下面着重介绍冷藏（冻）汽车。

1. 对冷藏（冻）汽车的要求

公路冷藏（冻）汽车具有使用灵活、建造投资少、操作管理与调度方便的特点，它是食品冷链中重要的、不可缺少的运输工具之一。它既可单独进行易腐食品的短途运输，也可以配合铁路冷藏（冻）车、水路冷藏（冻）船进行短途转运。

虽然冷藏（冻）汽车可采用不同的制冷方法，但设计时都应考虑如下因素：①车厢内应保持的温度及允许的偏差；②运输过程所需要的最长时间；③历时最长的环境温度；④运输的食品种类；⑤开门次数。

2. 冷藏（冻）汽车的冷负荷

一般来说，食品在运输前均已在冷冻或冷却装置中降到规定的温度，所以冷藏（冻）汽车无须再为食品消耗制冷量，冷负荷主要由通过隔热层的热渗透及开门时的冷量损失组成。如果冷藏运输新鲜的果蔬类食品则还要考虑其呼吸热。通过隔热层的传热量与环境温度、汽车行驶速度、风速和太阳辐射等有关。在停车状态下，太阳辐射是主要的影响因素；在行驶状态下，空气与汽车的相对速度是主要的影响因素。

车体壁面的隔热性好坏，对冷藏（冻）汽车的运行经济性影响很大，要尽力减少热渗透量。最常用制隔热层的隔热材料是聚苯乙烯泡沫塑料和聚氨酯泡沫塑料，其传热系数小于 $0.6W/(m^3 \cdot K)$，具体数值取决于车体及其隔热层的结构。从热损失的观点来看，车体最好由整块玻璃纤维塑料制成，并用现场发泡的聚氨酯泡沫塑料隔热，在车体内、外安装气密性护壁板。

由于单位时间内开门的次数及开、关间隔的时间均不相同，所以，开门的冷量损失计算较困难，一般凭经验确定，其值比壁面热损失大几倍。分配性冷藏（冻）汽车由于开门频繁，冷量损失较大，而长途冷藏（冻）汽车可不考虑此项损失。若分配性冷藏（冻）汽车每天工作 8h，可按最多开门 50 次计算。

3. 冷藏（冻）汽车的分类

根据制冷方式，冷藏（冻）汽车可分为机械冷藏（冻）汽车、液氮或干冰制冷冷藏（冻）汽车、蓄冷板冷藏（冻）汽车等多种。这些制冷系统彼此差别很大，选择使用方案时应从食品种类、运行经济性、可靠性和使用寿命等方面综合考虑。

(1) 机械冷藏（冻）汽车。机械冷藏（冻）汽车车内装有蒸汽压缩式制冷机组，采用直接吹风冷却，车内温度实现自动控制，很适合短、中、长途或特殊冷藏（冻）货物的运输。

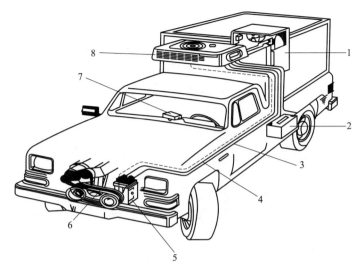

图 2-8　机械冷藏（冻）汽车结构及制冷系统

1—冷风机；2—蓄电池箱；3—制冷管路；4—电气线路；

5—制冷压缩机；6—传动带；7—控制盒；8—风冷式冷凝器

如图 2-8 所示为机械冷藏（冻）汽车基本结构及制冷系统。该冷藏（冻）汽车属分装机组式，由汽车发动机通过传动带带动制冷压缩机，通过管路与车顶的冷凝器、车内的蒸发器及有关阀件组成制冷循环系统，向车内制冷。制冷机的工作和车厢内的温度由驾驶员直接通过控制盒操作。这种由发动机直接驱动的汽车制冷装置，适用于中、小型冷藏（冻）汽车，其结构比较简单，使用灵活。由于分装式制冷机组管线长、接头多，在振动条件下容易松动，制冷剂泄漏的可能性大，设备故障较多，所以对大、中型冷藏（冻）汽车，更适合采用机组式制冷式装置。

机械制冷冷藏（冻）汽车的优点：车内温度比较均匀、稳定，温度可调，运输成本较低。缺点：结构复杂，易出故障，维修费用高；初投资高；噪声大；大型车的冷却速度慢，时间长；需要融霜。

（2）液氮或干冰制冷冷藏（冻）汽车。这种制冷方式的制冷剂是一次性使用的，或称消耗性的。常用的制冷剂包括液氮、干冰等。液氮冷藏（冻）汽车，主要由隔热车厢、液氮罐、喷嘴及温度控制器组成。其制冷原理主要是利用液氮汽化吸热，使液氮从－196℃汽化并升温到－20℃左右，吸收车厢内的热量，实现制冷并达到给定的低温。

图 2-9 为液氮冷藏（冻）汽车的结构图。安装在驾驶室内的温度控制器用来调

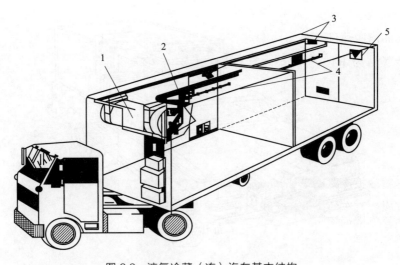

图 2-9　液氮冷藏（冻）汽车基本结构

1—液氮罐；2—液氮喷嘴；3—门开关；4—安全开关；5—安全通气窗

节车内温度。电控调节阀为一低温电磁阀，接受温度控制器的信号，控制液氮喷淋系统的开、关。紧急关闭阀的作用是在打开车厢门时，关闭喷淋系统，停止喷淋，可以自动或手动控制。

液氮冷藏（冻）汽车装好货物后，通过控制器设定车厢内要保持的温度，而感温器则把测得的实际温度传回温度控制器。当实际温度高于设定温度时，则自动打开液氮管道上的电磁阀，液氮从喷嘴喷出降温；当实际温度降到设定温度后，电磁阀自动关闭。液氮由喷嘴喷出后，立即吸热汽化，体积膨胀高达 600 倍，即使货堆密实，没有通风设施，氮气也能进入货堆内。冷的氮气下沉时，在车厢内形成自然对流，使温度更加均匀。为了防止液氮汽化时引起车厢内压力过高，车厢上部装有安全排气阀，有的还装有安全排气门。

液氮制冷时，车厢内的空气被氮气置换，而氮气是一种惰性气体，长途运输果蔬类食品时，可抑制其呼吸作用，延缓其衰老进程。

液氮冷藏（冻）汽车的优点：装置简单，一次性投资少；降温速冻很快，可较好地保持食品的质量；无噪声；与机械制冷装置比较，重量大大减小。缺点：液氮成本较高；运输途中液氮补给困难，长途运输时必须装备大的液氮容器，减少了有效载货量。

用干冰制冷时，先使空气与干冰换热，然后借助通风使冷却后的空气在车厢内循环。吸热升华后的二氧化碳由排气管排出车外。有的干冰冷藏汽车在车厢中装置四壁隔热的干冰容器，干冰容器中装有 R404a 盘管，车厢内装备 R404a 换热器，在车厢内吸热汽化的 R404a 蒸汽进入干冰容器中的盘管，被盘管外的干冰冷却，重新凝结为 R404a 液体后，再进入车厢内的蒸发器，使车厢内保持规定的温度。

干冰制冷冷藏（冻）汽车的优点：设备简单，投资费用低；故障率低，维修费用少；无噪声。缺点：车厢内温度不够均匀，冷却速度慢，时间长；干冰的成本高。

（3）蓄冷板冷藏（冻）汽车。利用冷冻板中充注的低共晶溶液蓄冷和放冷实现冷藏（冻）汽车的降温。冷冻板厚 50～150mm，外表是钢板壳体，其内腔充注蓄冷用的低共晶溶液，内装有充冷用的盘管，即制冷蒸发器。制冷剂在蒸发盘管内汽化时，使低共晶溶液冻结，对冷冻板"充冷"。当冷冻板装入汽车车厢后，冰结的共晶体即不断吸热，进行"放冷"，使车内降温，又维持与共晶体溶液凝固点相当的冷藏温度。在冷冻板内，低共晶体吸热全部融化后，可再一次充冷，以备下一次使用。

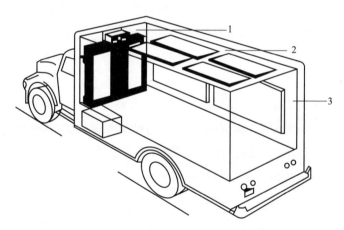

图 2-10 蓄冷板冷藏（冻）汽车示意图

1—前壁；2—厢顶；3—侧壁

图 2-10 为蓄冷板冷藏（冻）汽车示意图。蓄冷板可装在车厢顶部，也可装在车厢侧壁上，蓄冷板距车厢顶部或侧壁 4～5cm，以利于车厢内的空气自然对流。为了使车厢内温度均匀，有的汽车还安装有风扇。蓄冷板汽车的蓄冷时间一般为 8～12h（环境温度 35℃，车厢内温度－20℃），特殊的冷藏汽车可达 2～3d。爆冷时间除取决于蓄冷板内的共晶溶液的量外，还与车厢的隔热性能有关，因此应选

择隔热性较好的材料作为箱体。

蓄冷板冷藏（冻）汽车的优点：设备费用比机械式的少；可以利用夜间廉价的电力为蓄冷板蓄冷，降低运输费用；无噪声；故障少。缺点：蓄冷板的数量不能太多，蓄冷能力有限，不适于超长距离运输冻结食品；蓄冷板减少了汽车的有效容积和载货量；冷却速度慢。

五、对冷藏运输设备的要求

虽然冷藏（冻）运输设备的使用条件不尽相同，但一般来说，它们均应满足以下条件：①能产生并维持一定的低温环境，保持食品低温的恒定；②隔热性好，尽量减少内外热量的交换；③可根据食品种类或环境变化调节温度；④制冷装置在设备内所占空间要尽可能地小；⑤制冷装置重量轻，安装稳定，安全可靠，不易出故障；⑥运输成本低。

六、门店用冷藏柜

在门店中，用于陈列、销售、贮存冷藏或冷冻食品的设备，均称为冷藏或冷冻柜。冷藏或冷冻柜，目前已成为冷链建设中的重要一环。在烘焙制品中，冷藏柜主要用于陈列甜点等冷加工产品，冷冻柜主要用于贮存冷冻面团等半成品。

1. 冷藏陈列柜

对冷藏陈列柜的要求：①装配制冷装备，有隔热层；②能很好地展示食品的外观；③具有一定的贮藏容积；④日常运转与维修方便；⑤安全、卫生、噪声低；⑥能保证冷冻食品处于适宜的低温下；⑦便于顾客选购。

冷藏陈列柜根据陈列柜的结构形式可分为敞开式和封闭式。而敞开式又包括卧式敞开式和立式多层敞开式，封闭式又包括卧式封闭式和立式多层封闭式。

（1）卧式敞开式冷藏陈列柜。卧式敞开式陈列柜上部敞开，开口处有循环冷空气形成的空气幕，通过维护结构侵入的热量也被循环的冷风吸收，不影响食品的质量。对食品质量影响较大的是开口处侵入的热空气及热辐射，特别是对于冻结食品用的陈列柜，辐射热流较大。

当外界湿空气侵入陈列柜时，遇到蒸发器就会结霜，随着霜层的增大，冷却能力降低，因此必须在 24h 内自动除霜至少一次。外界空气的侵入量与风速有关，当风速超过 0.3m/s 时，侵入的空气量会明显增加，所以在布置敞开式陈列柜时，应考虑与室内空调的相对位置。

（2）立式多层敞开式冷藏陈列柜。与卧式的相比，立式多层陈列柜单位占地面积的容积大，商品放置高度与人体高度相近，展示效果好，也便于顾客购物。但这种结构的陈列柜，其内部的冷空气更易逸出柜外，从而外界侵入的空气量也多。为了防止冷空气与外界空气的混合，在冷风幕的外侧，再设置一层或两层非冷空气构成的空气幕，同时，配备了较大的制冷能力和冷风量。由于立式陈列柜的风幕是垂直的，外界空气侵入柜内的数量受空气流速的影响更大，从节能的角度来看，要求控制柜外风速小于 0.15m/s，温度小于 25℃，湿度小于 55％。

（3）立式多层封闭式冷藏陈列柜。立式多层封闭式的柜体后壁上有冷空气循环体通道，冷空气在风机作用下在柜内循环。柜门有 2～3 层玻璃，玻璃夹层中的空气具有隔热作用，由于玻璃对红外线的透过率低，虽然柜门很大，但传入的辐射热并不多。

2. 冷藏柜的节能

通常可采取以下措施来实现冷藏柜的节能：①增强柜壁的隔热性能；②对于敞开式冷藏柜，在晚上停业时，可加盖遮住；③降低照明强度，远离热源；④提高设计的合理性；⑤正确设置除霜时间；⑥提高蒸发温度；⑦降低食品包装材料的黑度。

若将蓄冷技术用于冷藏柜，在营业时间的电价高峰期使用停业时间的低谷期电价，可降低冷藏柜的耗电费用，提高其运行经济性。

3. 冷冻柜或冷冻库

冷链中作为终端环节实现存储功能的冷冻柜大多见于门店后场，冷冻库大多见于烘焙中央工厂，冷冻柜（库）前面已多次介绍，此处不再赘述。

七、冷链食品品质监测与控制

从生产到消费的整个流通过程，冷链中的食品都必须不间断地处于规定的低温状态，就像链条的每个环一样自始至终。但是，在冷链的流通过程中，往往由某个环节出现问题而造成食品品质下降，甚至变质。这些问题可能出现在冷冻加工环节、贮藏环节，也可能出现在运输环节或销售环节。避免或减少问题出现的重要措施是加强食品冷链的规范管理和安全监测，它是控制冷链食品质量、保证食品安全的有效手段。

冷链的规范管理和安全监测主要包括三个方面。①冷链中所有硬件设备的保证。即硬件设备要达到技术要求，如速冻设备要保证食品降温速度符合速冻的指标，运输设备要把食品温度精确控制在设定范围内等。②冷链的规范管理。要遵循操作规范、遵守卫生标准和食品安全管理体系。③食品货架期的预测。通过检测冷链食品的温度-时间历程，并据此来计算食品的剩余货架期，保证食品的安全。

特别说明的是，应用在冷链中较广泛的是温度记录仪。温度记录仪是一种结构简单、价格低、能够记录时间-温度变化的仪器。它既可以放在食品箱和冰箱内，也可以贴于食品或食品包装上，其主要功能是记录流通过程中温度的变化，并具有温度上下限报警功能。

第三章
烘焙产品制作原材料

第一节　面　　粉

▌ 一、小麦

1. **小麦的种类**

（1）按产地不同而分类。依生产国家分类，如中国小麦、日本小麦、美国小麦、加拿大小麦、澳洲小麦等。

（2）按表皮颜色不同而分类。依表皮颜色的不同而分成红、棕、白三种，我国主要是红小麦。

（3）按播种季节不同而分类。依播种季节可分为春小麦和冬小麦。

（4）按硬度不同而分类。小麦横断面呈玻璃质状态为硬小麦，呈粉状为软小麦。

一般而言，红麦多属硬麦，为高蛋白质小麦。白麦多属软麦，为低蛋白质小麦。春麦的蛋白质含量高于冬麦。

2. **小麦的结构**

小麦籽粒剖面如图3-1所示。

麦粒平均长约8mm，质量约35mg，麦粒大小随栽培品种及其在麦穗上的位置不同而呈现较大的差异。麦粒背面呈圆形，腹面有一条纵向腹沟，腹沟几乎和整个麦粒一样长，深度接近麦粒中心。两颊可能互相接触，这样就会掩盖腹沟的深度。腹沟不仅对制粉者从胚乳中分离麸皮以得到高的出粉率造成了困难，而且也为微生物和灰尘提供了潜藏的场所。小麦主要由麸皮、胚乳和胚芽构成。

（1）麸皮。最外侧是约占小麦全体13%的麸皮。而其内侧，是糊粉层，一直以来都视为麸皮来处理，但这个部分富含灰分、蛋白质、矿物质，具有丰富的营养价值。

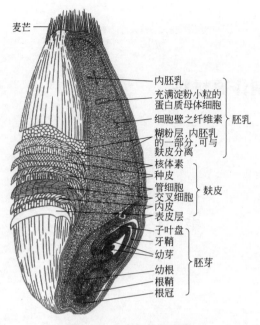

图 3-1　小麦籽粒剖面图

（2）胚乳。再往里的部分就是占了小麦85%的胚乳。胚乳细胞壁由戊聚糖、半纤维素和β-葡聚糖组成，但没有纤维素，细胞壁的厚度因在籽粒中的位置不同而异，靠近糊粉层的细胞壁较厚，栽培品种不同及硬麦和软麦之间细胞壁的厚度也呈现出显著差异。

胚乳细胞的内含物和细胞壁构成面粉。这些细胞中挤满了充填在蛋白质间质中的淀粉粒。小麦蛋白质的绝大部分是面筋蛋白。小麦成熟时，在蛋白质体中合成面筋。但是，随着麦粒的成熟，蛋白质体被压在一起而成为一种像泥浆或黏土状的间质，蛋白质体不再能辨别得出。淀粉粒有大小两种，大的淀粉粒呈小扁豆状，扁平面的直径可达$40\mu m$，小的颗粒球形淀粉粒，直径为$2\sim8\mu m$。实际上，人们还发现尺寸和形状介于这两种之间的各种淀粉粒，不过，前两种尺寸和形状占优势。

硬质小麦里，蛋白质和淀粉紧密黏附。蛋白质好像湿外套，很好地黏附在淀粉表面，这是硬质小麦的特点。蛋白质不仅使淀粉得到良好的湿润，而且使两者紧密结合。所以，硬质小麦若有破损，则发生在细胞壁。

对于软质小麦，淀粉和蛋白质在外观上是相似的，但是，蛋白质不湿润淀粉表面。由于蛋白质和淀粉之间的结合很容易破裂，它们之间的结合是不牢固的，故没有破损的淀粉粒。

淀粉与蛋白质结合的性质目前还不清楚，但是，用水处理面粉之后，蛋白质和淀粉能很容易相互分离这一事实表明，其结合可因水而破裂或削弱。采用免疫荧光技术已证实硬质小麦在蛋白质与淀粉的分界处含有一种特殊的水溶性蛋白质，而软质小麦不含这种特殊的蛋白质。除硬度的区别之外，小麦胚乳的另一个重要特点是其外观的不同。某些小麦具有玻璃质、角质或半透明的外观，而另一些小麦则是不透明或粉质的。一般认为，透明度与硬度和高蛋白含量相关联，不透明度与软度和低蛋白含量相关联。但是，透明度和硬度并不是同一根本因素造成的，有时可能硬质小麦不透明而软质小麦却是玻璃质的。

籽粒中有空气间隙时，由于衍射和漫射光线呈现为不透明或粉质。籽粒充填紧密时，没有空气间隙，光线在空气和麦粒界面衍射并穿过麦粒，没有反复的衍射作用，形成半透明的或玻璃质的籽粒。谷物中空气间隙的存在形成不透明的籽粒、密度小。空气间隙是在谷物干燥期间形成的。由于谷物失去水分，蛋白质皱缩、破裂并留下空气间隙。玻璃质的籽粒在蛋白质皱缩时仍保持完整，从而成为密度较大的籽粒。如果收获的谷物籽粒未成熟，并采用冷冻干燥，籽粒将变得完全不透明。这说明玻璃质的特性是在田间的最终干燥过程中产生的。玻璃质籽粒在田间或实验室受潮和干燥，将失去其透明度。

总之，小麦胚乳的质地（硬质）和外观（透明度）是有差异的。一般来说，高蛋白的硬质小麦往往是玻璃质的，低蛋白的软质小麦往往是不透明的。然而，硬度和透明度的产生原因是不同的，两者并不总是相关联。硬度是由胚乳细胞中蛋白质基质和淀粉之间的结合强度产生的，这种结合强度凭借遗传控制；而玻璃质则是籽粒中缺乏空气间隙造成的，控制机理还不清楚，很显然与样品中蛋白质的量有关。例如，高蛋白的软质小麦比低蛋白的软质小麦更透明，低蛋白的硬质小麦比高蛋白的硬质小麦更不透明。

（3）胚芽。胚芽约占 2.5%～3.5%，但对植物而言却是最重要的部分。胚芽含有相当高的蛋白质（25%）、糖（18%）、油脂（48%）和灰分（5%）。胚芽不含淀粉，还含有较高的 B 族维生素和多种酶类；胚芽中含维生素 E 很高，可运用在健康食品以及油脂原料上。

二、面粉的化学成分

面粉的成分如表 3-1 所示。

表 3-1　面粉成分表

成分	占比/%	成分	占比/%
水分	13~15	纤维素	0.2~1
蛋白质	6~15	油脂	0.6~2
碳水化合物	65~79	灰分	0.3~2

1. 蛋白质

面筋，又称之为粗蛋白质，面粉加入适量的水揉搓成一块面团，然后泡在水内约 30min~1h，依面粉内所含蛋白质之多寡而决定，用清水将淀粉及可溶性成分洗去，剩下的即为有弹性像橡皮似的物质，我们称之为面筋。由此种方法洗出的面筋，蛋白质约为面粉原来所含蛋白质的 90%，其它 10% 为可溶性蛋白质，在洗面筋时，溶于水而损失。

面筋内蛋白质包括麦醇溶蛋白（36%，可溶于 70% 酒精）、麦谷蛋白（20%，不溶于 70% 酒精）、酸溶蛋白（17%，溶于稀醋酸）、白蛋白和球蛋白（7%，溶于水）。麦醇溶蛋白由一条仅有分子内二硫键和较紧密的三维结构的多肽链构成，呈球形，由于肽链构成中的非极性氨基酸多，因此，水合时具有良好的黏性和延伸性，但缺乏弹性。麦谷蛋白由 17~20 条多肽链构成，麦谷蛋白不仅含有分子内二硫键还具有分子间二硫键，呈纤维状，富有弹性。小麦面团中各种蛋白质的相互作用如图 3-2。

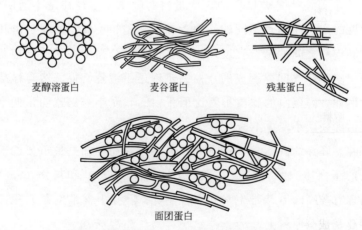

麦醇溶蛋白　　　　麦谷蛋白　　　　残基蛋白

面团蛋白

图 3-2　小麦面团中各种蛋白质的相互作用

在面粉中加入水，开始搅拌时，麦谷蛋白首先吸水膨胀，同时在其膨胀的过程中，吸收醇溶蛋白和酸溶蛋白及一部分可溶性蛋白。在外力搅拌的作用下，充分水化润胀的蛋白质分子相互接触，不同蛋白质分子的巯基之间相互交联，麦谷蛋白的分子内硫键转变成分子间的硫键，形成巨大的立体网状结构。此结构构成面团的骨架，醇溶蛋白的延伸性和麦谷蛋白的弹性使得面团经充分搅拌后有充分的弹性与延伸性。

面粉内除了蛋白质外，约含有 70% 以上的淀粉，淀粉充塞于面筋空隙内，面团经酵母发酵，而产生二氧化碳、酒精及其它有机酸，被包围在网状的小气室内，当面团进入烤炉内烘烤时，小气室内气体由于受热而产生压力，同时面团内的水分受热后产生的水蒸气形成蒸气压，而将面团逐渐膨大，等到蛋白质凝固后，不再膨大，烤熟出炉后，即成松软的面包。

影响面团加工品质的重要因素是蛋白质的含量和质量。面粉中蛋白质的质量包括两个方面，一是面筋蛋白占面粉总蛋白的比例；二是面筋蛋白中麦谷蛋白和醇溶蛋白的相对含量的比例。面筋蛋白占面粉总蛋白的比例越高，形成面团的黏弹性就越好；麦谷蛋白和醇溶蛋白含量比例越合适，形成的面团工艺性能就越好。面筋中过多的醇溶蛋白可使得面团过软，面筋网络结构不牢固，持气性也差，从而造成顶部塌陷和产品变形；麦谷蛋白含量过多，面团弹性、韧性太强，可造成面团膨胀困难，从而导致体积较小，或因面团韧性、持气性太强，气压大，使得产品表面开裂。添加材料对面筋形成所造成的影响如表 3-2 所示。

表 3-2　添加材料对面筋形成所造成的影响

面筋类型	添加材料	影　　响
增强面筋	盐	面粉和盐混合搅拌后,加入水分揉搓,醇溶蛋白的黏性会增加,形成致密的面筋网状结构,强化黏性及弹性
减弱面筋	油脂	面粉和油脂混合搅拌后,加入水分揉搓,面粉粒子的周围因包裹着油脂,所以会妨碍形成面筋时所需要水分的吸收,使面筋难以形成;在面筋形成的面团中加入油脂,也会因切断了面筋的联结,而减弱面筋的黏性和弹力
抑制面筋	砂糖	面粉中混合搅拌入砂糖,加入水分揉搓,因砂糖会先吸收水分,因而抑制面筋的形成
软化面筋	酸	面粉和水混合搅拌时加入酸性物质,会溶解麦谷蛋白,形成软化的面筋
	酒精	面粉和水混合搅拌时加入酒精,会溶解醇溶蛋白,形成软化的面筋

2. 碳水化合物

面粉中化学成分含量最高的是碳水化合物，约为 75%，面粉中的碳水化合物主要有纤维素、胶质、可溶性碳水化合物、淀粉等。

（1）纤维素。面粉中的纤维素主要来源于麸皮，含量很少。纤维素含量是面粉精度指标之一，通常国内标准粉的纤维素含量在 0.8% 左右。特一粉为 0.2% 左右。纤维素有利于胃肠的蠕动，能促进营养成分的吸收和体内有毒物质的排出，但如果面粉中麸皮含量过多，则会影响烘焙食品的外观和口感。

（2）胶质。面粉中含有 3.5％～4％的戊聚糖，主要成分为阿拉伯糖、木糖等五碳糖，其中有 20％～25％是水溶性的。水溶性戊聚糖对面粉的焙烤特性有显著的影响，例如，在面包生产过程中，将 2％的水溶性戊聚糖添加到筋力较弱的面粉中，能使面包体积增加 30％～45％，同时气泡更加均匀，面包瓤的弹性更好。

（3）可溶性碳水化合物。面粉约含有 1％～1.5％的砂糖、麦芽糖、葡萄糖、果糖及可溶性糊精，在面团发酵时即可被酵母利用产生酒精和二氧化碳。面粉中还有一部分破损淀粉，这部分淀粉在酵母发酵过程中，在淀粉酶或酸的作用下，被分解成糊精、多糖、麦芽糖、葡萄糖等，供酵母生长和发酵时利用而产生充分的二氧化碳，使面团形成无数空隙。发酵面团需要一定数量的破损淀粉，但如果面粉中的破损淀粉过多，面团在发酵或产品成熟过程中承受不了所增加的压力，同时，淀粉在烘烤过程中胶凝作用下降，减少面团的气体保留性，最后使得小气孔变成大气孔，气体溢出使得产品体积小、组织粗糙、瓤心发黏。面粉中破损淀粉的最佳含量要根据不同的产品和面粉中蛋白质含量来确定，如：面包粉中破损淀粉含量可高达 28.1％，而饼干粉和蛋糕粉的破损淀粉含量分别为 7.0％和 3.4％。

（4）淀粉。面粉内约含有 70％淀粉，以淀粉粒的形式存在于面粉中。淀粉颗粒有两种不同的形态，一种是小球形，直径约为 $5\sim15\mu m$，另一种是大的圆盘形，直径约为 $20\sim30\mu m$。淀粉糊化温度一般为 $56\sim60℃$。淀粉分子有直链淀粉（占比 19％～26％）和支链淀粉（74％～81％）。除了前面所说的可溶性淀粉在发酵时受淀粉酶水解作用外，其它淀粉在发酵时并不受其作用的影响。面包的好坏除了面粉蛋白质量、蛋白质品质等构成面包的网状结构外，淀粉即充塞于网状结构的空隙。面筋在面团之结构，就像造房子之钢筋架，而淀粉即像水泥充填于钢筋内，所以淀粉的胶凝作用影响充塞网状结构的情形，因而影响面包组织。人工加入淀粉酶，尤其是 α-淀粉酶，能够改变淀粉的胶凝作用，改良面包的内部组织。

这里特别介绍一下淀粉的糊化与老化。①淀粉的糊化：面粉中的淀粉，是以淀粉粒子的状态存在，其中含有直链淀粉及支链淀粉的分子，这些相互黏合成束状，进而完成整体紧密的结构；淀粉与水同时加热，淀粉粒子开始吸收水分，直链状的直链淀粉之间，以及分支状的支链淀粉之间，会有水分进入，使束状结构展开，随着温度的升高，水分几乎完全被吸收，变成膨胀且有黏性的糊状物质，这个现象就称之为糊化；在50℃左右，淀粉开始糊化产生黏性，直至95℃时黏性最强，如图3-3。②淀粉的老化：淀粉成分由糊化状态恢复到原先规则性排列状态；随着时间的推移，支链淀粉支状间的水分以及直链淀粉间所含的水分被排出，使得蛋糕、面包等虽然不会干燥但却感觉变硬。砂糖在一定程度上可以减缓淀粉的老化。砂糖具有吸附并保持水分的功能。加入蛋糕或面包中的砂糖溶于水，在淀粉糊化后，一直存在于直链淀粉和支链淀粉之间，因此即使淀粉老化、水分排出，但因砂糖具有保水性，所以能维持糊化状态，如图3-4。

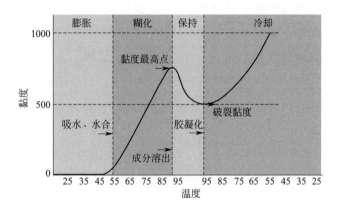

图 3-3　淀粉中淀粉的黏度随温度的变化曲线

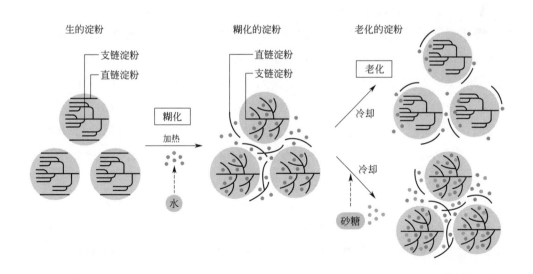

图 3-4　淀粉糊化及老化过程示意图

3. 灰分

灰分是衡量面粉质量的重要指标之一。面粉中的矿物质是用灰分来表示的，也就是说，面粉的灰分含量越高，表明面粉精度越低，一般精制面粉灰分含量约为小麦所含灰分的 1/5～1/4。按照我国的国家标准，特一粉灰分含量＜0.7%，特二粉灰分含量＜0.85%，标准粉灰分含量＜1.1%，普通粉灰分含量＜1.4%。其实，面粉中的灰分本身对烘焙食品的品质影响不大，而且，还会有对人体有益的矿物质元素。

4. 维生素

面粉中，含有少量的维生素 A、B 族维生素、维生素 E，几乎不含维生素 C 和维生素 D。因为面粉中维生素含量本身就少，烘烤过程中又会损失一部分，所以，为了弥补烘烤产品中维生素的不足，常会在面粉中添加一定量的维生素，以强化面包的营养。

面粉特别是全麦粉，是 B 族维生素的主要来源，出粉率 95%～100% 的面粉所含维生素是出粉率 40%～50% 面粉的 3～7 倍，出粉率 95%～100% 的面粉的维生素平均含量（$\mu g/g$）为：维生素 B_1 4，维生素 B_2 2，维生素 B_6 9。

5. 酶

面粉中含有各种功能不同的酶，包括淀粉酶、蛋白酶、脂肪酶、脂肪氧化酶、抗坏血酸氧化酶。

（1）淀粉酶。面粉中含有两种对于面包制作上非常重要的淀粉酶，主要为 α-淀粉酶和 β-淀粉酶，将糊精及一部分可溶性淀粉水解转化为麦芽糖，是供给酵母发酵的主要能量来源。α-淀粉酶对热稳定，在 70～75℃ 时仍能对淀粉起水解作用，而且在一定温度范围内，温度越高，作用越快，温度每升高 1℃ 即增加原来酶活力的 10%，温度升高 10℃ 即增加原来的 100%，但当温度超过 95℃ 时，α-淀粉酶就钝化。β-淀粉酶的热稳定性较差，当加热到 70℃ 时，活力减少 50%，几分钟后就钝化，所以 β-淀粉酶的作用都在发酵（基本发酵、中间发酵、最后发酵等）未烘烤前进行。小麦淀粉的糊化温度为 56～60℃，所以 α-淀粉酶在烤炉内，淀粉糊化之后仍能继续进行水解作用而成为糊精，但 β-淀粉酶在淀粉糊化温度时已完全被破坏，所以水解作用只能止于糊精。淀粉的胶凝性质与糊精的胶凝性质截然不同，α-淀粉酶在烤炉内的作用对于面包品质改善有极大的帮助。

一般来说，面粉内含有足够的 β-淀粉酶，α-淀粉酶必须在小麦发芽时才能产生。但由于现在面粉厂有良好的贮藏设备，小麦发芽几乎不可能，所以在小麦磨成面粉之后，一般会加入适量的α-淀粉酶，以增加面包表皮颜色，增大面包体积，改良面包内部组织。

（2）蛋白酶。面粉中蛋白酶含量很少，但蛋白酶可以促进蛋白质的降解，对于面筋过强须长时间搅拌的面粉，或加入过量增筋剂的面粉，加入适量的蛋白酶，可以水解降低面粉筋度，缩短搅拌时间，同时面筋易于完全扩展。在使用蛋白酶制剂时，要严格控制其用量，且只适用于快速发酵法生产面包。

（3）脂肪酶。脂肪酶是一种水解酶，它对油脂起水解作用，其最适宜的pH值为7.5，最适宜的温度为30～40℃，这种酶分解面粉的脂肪成为脂肪酸，对于面包制作影响不大，但对蛋糕预拌粉则有影响，易引起酸败，缩短贮藏时间。

6. 油脂

面粉内约含有1.5％～2.0％的油脂，面粉在贮存过程中，高温和高水分含量可促进脂肪酶的作用，脂肪酶可使甘油三酯水解为脂肪酸，因而面粉在高温高湿的环境中易酸败变质。面粉酸败变质后，面团的延伸性降低，持气性减弱，面团体积小，易开裂，风味不好。所以，油脂含量的多少与面粉贮藏时间长短有关。

7. 水分

面粉中的水以游离水和结合水两种形式存在，绝大部分以游离水状态存在。面粉中水分的变化也主要是游离水的变化，它在面粉中的含量受环境温度、湿度的影响。结合水以氢键与蛋白质、淀粉等亲水性高分子相结合，在面粉中含量相对稳定。面粉水分含量过高，易酸败变质。

三、面粉的种类和等级标准

1. 面粉的种类

根据面粉内部蛋白质含量的不同大致分为高筋面粉、中筋面粉、低筋面粉、全麦粉等。

（1）高筋面粉（高蛋白质粉）。高筋面粉适用于制作多种面包产品，它是加工精度较高的面粉，色白，含麸皮量少，面筋含量高，湿面筋值在35％以上，蛋白质含量为11％～13％，弹性好，延伸性大。硬质小麦蛋白质含量高，一般用于生产高筋面粉。

制作面包（冷冻面团）使用高筋面粉的理由：首先，发酵是由酵母所产生的二氧化碳使面团膨胀起来，接着在烤箱内烘烤，使得封锁在面团内的空气（包含二氧化碳）产生热膨胀，面团中所含的水分变成水蒸气增加了体积，使面团更加膨胀；其次，相较于低筋面粉，高筋面粉的特征是可以形成更多的面筋，而烘烤这个阶段中特别需要具有强烈黏性及弹力的面筋，如果以低筋面粉来制作面团，低筋面粉形成的面筋量不仅较少，同时也因黏性和弹力较弱，产生的二氧化碳会向外逸出，使得面团无法膨胀。

（2）中筋面粉（中蛋白质粉）。中筋面粉是介于高筋面粉和低筋面粉之间的面粉，适用于制作多种糕点，湿面筋值为 25％～35％，蛋白质含量为 9％～11％，含麸皮量少于低筋面粉，色稍黄，弹性好，延伸性小。

（3）低筋面粉（低蛋白质粉）。低筋粉，也称蛋糕粉，由软质白色小麦磨制而成，适用于制作饼干、蛋糕、点心。它的特点是蛋白质含量较低，一般为 7％～9％，湿面筋值低于 25％，含麸皮量多于中筋面粉，弹性差，易流散。

制作蛋糕选用低筋面粉的原因：蛋糕面糊中，面筋形成骨架与成为蛋糕主体的糊化淀粉，可以让蛋糕不会崩塌还能适度联结、支撑膨胀，制作出食用时的柔软弹性；使用低筋粉，面筋蛋白含量相对低，面筋是最小限度的形成，自身的黏性和弹力也较弱，不会妨碍面糊的膨胀，也可以支撑膨胀起来的状态。若使用高筋面粉，会形成大量具强大黏性及弹力的网状面筋，在烘烤后就会变得太硬。另外，当面糊产生膨胀的力量，会因过强的面筋而被抑制住，使得面糊无法顺利膨胀起来，烘烤后成为体积很小的蛋糕。

在蛋糕制作过程中，以下因素会影响面筋的形成：①面粉的种类；②添加的水量，一般原则为增加高筋面粉，形成的面筋也会增多，相对地也需要更多的水分，所以也必须增加水分用量；③搅拌的程度；④混入鸡蛋、砂糖、油脂等辅助材料的时间，其中，油脂会因切断了面筋的联结而减弱面筋的黏性和弹力；⑤有无加入盐等添加材料，以及添加的时间点，盐能使醇溶蛋白的黏性增加，从而形成缜密的网状结构。

（4）全麦粉。全麦粉是指由全部小麦磨成的面粉，颜色深，湿面筋值不低于 20％，含麸皮量高，但灰分不超过 2％。

我国各种专用粉的质量指标见表3-3。

表 3-3　我国各种专用粉的质量标准

专用粉名称	等级	水分/%	灰分/%	粗细度	湿面筋/%	粉质曲线稳定时间/min	降落数值/s	含砂量/%	磁性金属	气味
面包用粉	精制级	≤14.5	≤0.60	全部通过 CB30 号筛	≥33.0	≥10.0	250～350	≤0.02	≤0.003	无异味
	普通级		≤0.75	留存在 CB36 号筛的不超过 15.0%		≥10.0				
蛋糕用粉	精制级	≤14.5	≤0.53	全部通过 CB42 号筛	≤22	≤1.5	≥250	≤0.02	≤0.003	
	普通级		≤0.65		≤24	≤2.0				
酥性饼干用粉	精制级	≤14.0	≤0.55	全部通过 CB36 号筛	22～26	≥2.5	≥150	≤0.02	0.003	无异味
	普通级		≤0.70	留存在 CB42 号筛的不超过 10.0%	22～26	≥3.5				
发酵饼干用粉	精制级	≤14.0	≤0.50	全部通过 CB36 号筛	24～30	≤3.5	250～350	≤0.02	≤0.003	无异味
	普通级		≤0.70	留存在 CB42 号筛的不超过 10.0%	24～30	≤3.5				

2. 面粉的工艺特性

（1）面粉的工艺性能。面粉的面筋含量越高，面筋质量越好，则面粉的工艺性能就越好。

（2）面粉吸水率。面粉吸水率指单位质量的面粉成团所需的最大加水量，以百分比（%）表示，通常采用粉质仪测定。面粉吸水率高，面包心更软，保存时间也相应延长，而且面包出品率高。

（3）面粉糖化力。面粉中淀粉转化成糖的能力称为面粉的糖化力。糖化力的大小取决于面粉中酶的活性大小，衡量糖化力的标准为：10g 面粉加 5mL 水调制成面团，在 27～30℃下发酵 1h 所产生的麦芽糖的质量（mg）。

（4）面粉的产气能力。面粉在发酵过程中产生二氧化碳气体的能力即为面粉的产气能力，衡量产气能力的标准为：100g 面粉加 65mL 开水和 2g 鲜酵母调制成面团，在 30℃下发酵 5h，所产生 CO_2 气体的体积（mL）。

第二节　糖

糖在烘焙产品中，可以说是除了面粉之外，用量次之的一种原料。糖除了增强甜味外，还有各种影响产品的物理、化学性质。

一、糖的种类

1. 蔗糖

烘焙食品加工使用的蔗糖类，主要有白砂糖、红糖和绵白糖等。蔗糖的纯度越高，精制度也越高，其中再加入少量的转化糖和灰分，各种砂糖的味道或性质特征会因蔗糖、转化糖、灰分等各成分的含有量不同而有所差异。

白砂糖，简称砂糖，是从甘蔗或甜菜中提取糖汁，经过滤、沉淀、蒸发、结晶、脱色和干燥等工艺而制成。其为白色粒状晶体，纯度高，蔗糖含量在99％以上，按其晶粒大小又分粗砂、中砂和细砂。如果是制作海绵蛋糕或戚风蛋糕最好用白砂糖，以颗粒细密为佳，因为颗粒大的糖往往由于糖的使用量较高或搅拌时间短而不能溶解，如蛋糕成品内仍有白糖颗粒存在，则会导致蛋糕的品质下降，这种状况下，优先使用粒子较细、易于溶化的细砂糖。而在制作面包过程中，搅拌时间相对长一些，出于成本的考虑，可以使用粗砂糖。

赤砂糖，也称为红糖，是未经脱色精制的砂糖，纯度低于白砂糖。其呈黄褐色或红褐色，颗粒表面沾有少量的糖蜜。

绵白糖，虽然和白砂糖一样都是蔗糖形成，但因为制作过程中在结晶上浇淋了转化糖液，虽然少量，但含有转化糖是其最大的特征。蔗糖只要加入1％的转化糖，就会出现转化糖的风味，因此，绵白糖会显得更甜。虽然绵白糖颗粒微小而易于搅拌和溶解，但是由于其甜度、着色及吸水保水均要强于幼砂糖，对于一般烘焙人员较难把握，所以它更多地被用来作为一些油脂多的面包、甜甜圈表面的装饰，以增加外观的食欲和香甜风味。

2. 糖粉

糖粉就是将白砂糖磨成了非常细小的粉末状，是蔗糖的再制品，味道与蔗糖相同。在白砂糖磨成粉后非常容易吸潮结块，为了避免这种现象，生产工艺中通常都会在糖粉中加入很少比例的玉米淀粉以防止结块。糖粉一般在重油蛋糕或蛋糕装饰上常用。另外，因为糖粉非常细腻，很适合用来制作饼干，比如将糖粉和黄油混合均匀打发。

3. 饴糖

饴糖是利用淀粉为原料生产的，又称为淀粉糖，100％转化的淀粉糖就是葡萄糖。饴糖的一般制法是酸糖化法和酶糖化法并用，即先用酸糖化法将淀粉糖化到一定程度，再用酶糖化法使其余的淀粉和中间产物转化为麦芽糖。所生产的糖浆中含有葡萄糖和麦芽糖。可根据不同的需要，控制糖化工艺的程度，制成含有不同比例的糊精、麦芽糖和葡萄糖的饴糖。饴糖形似水玻璃，是无色透明的黏稠胶体。饴糖是糊精和葡萄糖等的混合物，因而有强的吸湿性，可防止砂糖析出。

4. 蜂蜜

蜂蜜的主要成分为转化糖、果糖、葡萄糖、蛋白质、糊精、水分、淀粉酶、有机酸、维生素、矿物质等，味道较甜，具有较高的营养价值。

5. 糖浆

糖浆主要有转化糖浆、淀粉糖浆和果葡糖浆。转化糖浆是用砂糖加水和加酸熬制而成。淀粉糖浆又称葡萄糖浆等，通常使用玉米淀粉加酸或加酶水解，经脱色、浓缩而成的黏稠液体。其可用于蛋糕装饰，国外也经常在制作蛋糕面糊时添加，起到改善蛋糕的风味和保鲜作用。果葡糖浆是一种淀粉糖浆，其甜度与蔗糖相等或超过蔗糖。异构糖也称为果葡糖浆，其制法为先把玉米粉等淀粉经酸糖化处理分解为葡萄糖，然后经酶（葡萄糖异构酶）或碱处理使之异构化，一部分转变成果糖，其主要成分为果糖和葡萄糖。异构转化率为42%的异构糖，其甜度与蔗糖相等，但比砂糖渗透压高，耐热性差，加热易褐变。

6. 其它甜味剂

烘焙产品里甜味剂还会见到木糖和山梨糖醇，都属于天然甜味剂，都可作为低热能食品中蔗糖的良好代用品。其中，山梨糖醇的吸湿性强，在糕点类食品中能防止干燥，延缓淀粉老化。

二、糖的特性

1. 水解作用

一般来说，烘焙产品用糖，用得最多的是砂糖，面团内由配方所加入的砂糖于面团搅拌几分钟之后，即被酵母的转化酶转化分解成葡萄糖和果糖。面粉内本身含有少量的麦芽糖，以及面粉内的破损淀粉，经由 α-淀粉酶和 β-淀粉酶转化成麦芽糖，再由麦芽糖酶分解为葡萄糖之后，最后为酵母利用。因此，酵母一般所能利用的糖有葡萄糖、果糖、砂糖和麦芽糖。葡萄糖和砂糖之间，几乎没有发酵的时间差，这是因为从开始搅拌，转化酶开始作用，面团中的砂糖就可以迅速地变成葡萄糖和果糖。而麦芽糖约需要2小时后才开始发酵。

一般情况下，4%～8%的砂糖添加量可促进发酵，但超过了8%，酵母的发酵作用反而会受到糖量过多地抑制，因此发酵速度慢。但也有面包，砂糖配方量高达 22%～30%，除了增加甜味、延缓老化外，随着渗透压的上升，阻碍了面包酵母的活动，妨碍了面筋组织的结合，需要延长发酵时间或增加氧化剂，否则无法做出优质的面包。

2. 甜度

每种糖的甜度各不相同，一般以砂糖的甜度为 100 作为标准。甜度会因溶液的温度、浓度的不同而发生改变，比如，甜度会因温度不同而改变，高温时果糖是三分之一，葡萄糖是三分之二的甜度；而浓度 8% 的葡萄糖溶液与 4%～5% 的砂糖溶液甜度相同，但 40%～50% 的葡萄糖溶液与 40%～50% 的砂糖溶液也几乎是相同的甜度。

3. 吸湿性

砂糖能吸收水分且保持水分，烘焙制品刚出炉都很软，但经存放几天甚至几小时后，会变得干硬，而如果加入一些保水性材料，可以一定程度上延缓面包变干硬的时间。砂糖及含有结晶水的葡萄糖吸湿性小，而果糖、蜂蜜、转化糖等吸湿性大，因此为使产品的吸湿性能力加强，可以考虑加入蜂蜜和转化糖等。

4. 焦糖化反应和美拉德反应

面包制品的呈色，不仅取决于烘烤温度和时间，还与糖量的多少、种类、pH 等有关。

糖一经加热，分子与分子之间互相结合而成为聚合物，这些聚合物焦化而成焦糖。每种糖形成焦糖的敏感性都不同，果糖、麦芽糖、葡萄糖等非常敏感，易形成焦糖，而砂糖与乳糖敏感性低，糖溶液的 pH 降低，则糖的敏感性亦降低，pH 升高则敏感性增强。

同时，在加热过程中，还有一种反应发生，即美拉德反应。还原糖与蛋白质加热形成一种黄褐色物，又称为类黑素。温度与 pH 升高，褐色反应加快，颜色越深。

5. 结晶性

利用糖的结晶性可以制作糖霜。

三、糖在烘焙制品中的作用

1. 糖在面包制品中的作用

（1）增加甜味。

（2）给酵母提供能源。糖是供给酵母营养的主要来源，几乎所有的糖都可以在酶作用下分解为葡萄糖和果糖，酵母就是利用它们进行发酵的，发酵后的最终产物为二氧化碳和酒精。

（3）对形成面包表皮颜色有促进作用。烘烤成型的面包因其特有的表皮颜色来引诱人们的食欲，不加糖的欧式面包是淡黄色的，而甜面包都可以烤成诱人的红棕色。面包表皮颜色反映出在面包配方内使用何种糖，葡萄糖、果糖、麦芽糖及奶粉内的乳糖都有可能存在于面包内。果糖对热最为敏感，在较低温度下比葡萄糖易着色，葡萄糖又比蔗糖易着色，但蔗糖于面团搅拌后已完全转化变成葡萄糖及果糖。

（4）对面包风味的影响。面包风味形成是由面粉等原材料及材料用量、面团发酵及制作工艺所决定的。在这所有材料内，除了盐具有调味功能外，以糖对风味的影响最大。在面包制作时，约 2% 的糖足可供给酵母发酵，酵母发酵除了主要产生 CO_2 及酒精外，还有许多与面包风味有关的副产物。剩余的配方用糖一方面增加面包的甜味，另一方面可分解为各种风味的成分，在烘烤时发生的焦糖化反应或褐化反应产物，都可以使面包产生优良的风味。

（5）对面包形态和口感的影响。糖对面包形态和口感的影响主要是可以保持面包的柔软性，可以缩短烘烤时间，所以可以保持更多的水分于面包内使面包柔软，糖少的面包由于烘烤时间长，成品干硬。高含糖量的面包（20%～25%），可以抑制面包水分蒸发，防止面包变干、发硬。

（6）可供产能物质。1g 砂糖约含 16.72kJ 的能量，可作为人体的能源成分被吸收。

（7）改善面团的物理性质。①吸水量，过多地使用糖会使面团吸水能力降低，妨碍面筋形成，每增加 5% 砂糖使用量，吸水率减少约 1%，所以，高糖量的面团，必须减少水量，除非增加搅拌时间，使面筋得到充分地扩展；②面团扩展时间，糖会影响面团搅拌所需时间，糖量增加，搅拌时间要增长，比如高含糖量 20%～25%，面团完全形成时间大约增长 50%，因此，这类面团最好高速搅拌；糖在面团内的溶解需要水，面筋搅拌要扩展亦需要水，糖、面筋同时争取水分，糖愈多，面筋所吸收的水量越少，因而阻碍面筋的扩展，必须增加搅拌时间来弥补；③使用量，一般来说，面包发酵时糖用量越多，产气就越多，但不能超过 35%；④抗氧化作用，氧气在糖溶液中溶解量比水溶液中低很多，因此，糖溶液具有抗氧化性。

2. 糖在蛋糕、饼干制品中的作用

糖在蛋糕中的作用除了增加甜味、着色和保水延缓老化之外，更重要的是帮助全蛋或蛋白形成浓稠而持久的泡沫。一方面，砂糖对气泡安定性有积极的影响，砂糖溶入鸡蛋气泡的薄膜当中，因为砂糖吸附了鸡蛋中的水分，所以气泡不容易破坏而成为安定的状态。另一方面，砂糖有抑制鸡蛋蛋白质空气变性的作用，所以添加砂糖会使气泡不易形成。所以，砂糖在某种程度下一边抑制空气进入鸡蛋中，一边搅打起泡，就能得到细小的气泡，从结果上来看，如此就能烘烤出细致且口感良好的蛋糕；也就是说，即使利用砂糖来抑制发泡状态，但只要能确实搅打至发泡，就能形成小且安定的气泡，使面糊光滑细腻。

在曲奇制作中，一般会在黄油打发的过程中分次加入糖粉，主要利用的就是糖能帮助黄油打发成膨松状的组织，使面糊光滑细腻，产品柔软。

第三节　鸡　　蛋

鸡蛋被认为是便宜且营养价值高的食品。除了本身含丰富的易消化蛋白质、维生素之外，金黄色的蛋黄为天然良好的着色剂，蛋糕能够膨胀松软地烘烤完成，最主要的原因就在于蛋白质的起泡性。

一、鸡蛋的化学成分

鸡蛋中含有蛋清、蛋黄和蛋壳，其中蛋清占 60%，蛋黄占 30%，蛋壳占 10%。蛋清中含有水分、蛋白质、碳水化合物、脂肪、维生素，蛋清中的蛋白质主要是卵白蛋白、卵球蛋白和卵黏蛋白。蛋黄中的主要成分为脂肪、蛋白质、水分、无机盐、蛋黄素和维生素等，蛋黄中的蛋白质主要是卵黄磷蛋白和卵黄球蛋白。鸡蛋成分如下表 3-4 所示。

表 3-4　鸡蛋成分表

项目	水分	蛋白质	碳水化合物	油脂
蛋清	88.40%	10.50%	0.4%	微量
蛋黄	48.20%	16.50%	0.1%	33.50%

二、鸡蛋新鲜度的判断方法

不新鲜的鸡蛋会影响其加工性能，在使用鸡蛋时必须对鸡蛋的品质进行判定。鸡蛋本身含有卵黏蛋白、溶菌酶和抗生物素蛋白等，是生鲜食品中非常少见且具有优良贮藏性的食品，但也因此容易造成流通时间过长，导致到达蛋液加工厂或消费者手中的鸡蛋容易变质甚至受到微生物污染。

判断鸡蛋新鲜度的常用方法为观察黏稠蛋白和蛋黄的状态：鸡蛋蛋白中分为内稀蛋白、黏稠蛋白和外稀蛋白，黏稠蛋白是稠状且具弹性的蛋白，内稀和外稀蛋白则是液状般流动性高的蛋白，新鲜的鸡蛋中，黏稠蛋白的弹性很强，所以看起来会有向上隆起的感觉，黏稠蛋白支撑在蛋黄周围，再加上覆盖在蛋黄上的薄膜强度较高，所以蛋黄也会有向上隆起的感觉，总体上来说，新鲜鸡蛋的蛋黄与黏稠蛋白有向上隆起的感觉，且黏稠蛋白的量相对多，内稀和外稀蛋白的量相对少。当新鲜度降低，黏稠蛋白中的卵黏蛋白在蛋白酶的作用下构造破坏，失去其胶体性质，黏度也会随之降低。

三、液蛋及冷冻蛋

使用带壳鸡蛋已经是一项浪费时间、人力的工作，工厂更多选择液蛋和冷冻蛋。

1. 液蛋

液蛋是指液体鲜蛋，是鸡蛋经打蛋去壳，将蛋液经分离、去壳、杀菌、包装等一系列的加工工艺后，冷藏或冷冻贮存。液蛋产品包括浓缩液蛋、全蛋液、蛋白液、蛋黄液、加盐或加糖蛋黄液、酶改性蛋液、不同比例的蛋清蛋黄混合液等。将鸡蛋加工成液蛋既提高了附加值，也便于运输和消费。液体蛋使用起来非常方便，但是保存性低是其最大的缺点。

2. 冷冻蛋

冷冻蛋是将蛋液在60℃加热杀菌3.5min，冷却后置于 $-40\sim-18$℃的环境下72h后被完全冷冻，再用冷藏车输送到各地使用。由于冷冻蛋的保存性比液蛋好，而且加之制冷设备的发展，食品加工用蛋也越来越多地选择冷冻蛋。冷冻蛋在冷冻处理时黏稠蛋白的比例有所下降，而且全蛋或蛋黄也容易产生冷冻变性，黏度增加，蛋白质胶化，为避免这些不可逆的性质发生，冷冻蛋黄中加入盐和砂糖来防止蛋黄的胶化，冷冻全蛋时将蛋白和蛋黄充分搅拌，由蛋白稀释蛋黄而防止蛋黄的胶化。冷冻蛋解冻后，必须在一两天内使用完，否则容易腐败。因冷冻造成的起泡性和气泡安定性下降，可以用乳化剂来改善。

四、鸡蛋的理化特性

鸡蛋的蛋清和蛋黄各有其特殊理化特性，在烘焙加工中有着不同的作用。

1. 蛋清的热凝固性

新鲜的蛋清 pH 为 7.6，经贮藏时，蛋清释放出 CO_2，外层稀蛋白增加，内层黏稠蛋白减少，pH 升高到 9～9.5。

蛋清中的蛋白质对热非常敏感，在 50～55℃ 蛋白开始变性，于 60℃ 变性加快，由可溶性变成不溶性，温度是其凝结变性的主要因素，如果在受热过程中将蛋急速搅动可以阻止变性进程。除了受热引起的变性外，pH 对蛋白的热凝固性也有影响，于蛋白等电点 4.6～4.8 下变性最快。

蛋白的热凝固性是蛋在食品加工中特别重要的性质。在蛋液中加入无机盐如食盐，可使热凝固性增大；蛋白内加入高浓度的砂糖，也可加大蛋白的热凝固性。

2. 蛋清的起泡性

将蛋清激烈搅拌，可以形成大量膨松安定的包含空气的泡沫，称为蛋清的起泡性。这些泡沫可融合大量的面粉及糖等材料，并且这些融合其它材料的泡沫能够维持到进炉烘烤。

（1）蛋清打发原理。蛋清同时具有容易打发的起泡性，以及可以保持气泡形状的气泡安定性，这是其最大的两个特征。起泡性：蛋白中，因含有减弱表面张力的蛋白质，所以可以被打发，借由搅拌器的搅打，打乱蛋白液体表面，通过表面张力打入空气形成球状的气泡。气泡安定性：蛋白中搅打进空气，空气的周围聚拢联结了许多蛋白质，形成薄膜包覆住空气，以形成气泡。蛋白质具有接触空气就会凝固（蛋白质的空气变性）的特征。通过蛋白可以被延展成薄膜状，再加上蛋白质接触空气后凝固，可以形成安定并且持续保持的气泡状态。

（2）全蛋打发原理。全蛋当中，主要的起泡物是蛋清，但分散在其中的蛋黄却会阻碍起泡。蛋黄的成分中有 1/3 是油脂，油脂会破坏鸡蛋的气泡。但蛋黄脂质是被乳化剂（作用于水和油之间的物质）所包围住的粒状形态，所以还不算是直接破坏鸡蛋的油脂。因此，全蛋的打发容积虽然小于蛋白，但即使其中含有蛋黄仍是可以打发的。不过，蛋黄是不容易被打发的，充分混拌可以将空气拌入其中分散在蛋黄内，但无法形成肉眼可以看到的大气泡。

（3）起泡性的测定。测定起泡性最好的一种方法是将搅拌一定时间的蛋液倒入一定体积的容器中，称其质量，算出其相对密度，越轻说明打发性越好。

（4）影响起泡性的因素。①蛋白的温度，在一定温度范围内（30℃ 以下），温度较高的蛋白比温度低的起泡性要好，但由于打蛋的过程中有摩擦生热，而且从蛋白状态稳定而与蛋黄面糊混拌不易消泡的角度来说，使用冷藏过的蛋白打发更好。②稀蛋白与黏稠蛋白的比例，从稳定性来说，鸡蛋越新鲜，黏稠蛋白越多，使用新鲜的鸡蛋打发，因黏性变强，所以气泡的安定度也较高，形成较硬的气泡膜而不容易破坏；从打发性来说，稀蛋白较多时起泡性好，这是蛋白表面张力较小的缘故。③砂糖，砂糖可以抑制卵白蛋白的变性，使其黏度增大，起泡性变差，但是砂糖对形成很稳定的气泡有良好的效果，所以，在打发初期，不加糖，打发到一定程度后再加入砂糖。④pH，蛋清在 pH 6.5～9.5 时起泡性较好，pH 5 时起泡性差。

3. 蛋黄的乳化性

蛋黄中油脂占蛋黄固形物相当大的比例，其中，与蛋白质结合的脂蛋白、卵磷脂和胆固醇具有很强的乳化能力，是天然乳化剂，它们对油脂和水都有很强的亲和力。但一般认为，蛋黄的乳化性主要是卵磷脂与蛋白质结合而成的卵磷脂蛋白的作用。卵磷脂蛋白不仅显示了 O/W 的乳化能力，使水油界面张力下降，而且由于蛋白的表面变性，使之可成为分散相的界面保护膜，即可将油滴包起来，使得乳液的稳定性加强。蛋白、全蛋也有乳化性，蛋白的乳化性大约为蛋黄的 1/4。蛋黄的乳化作用，可以应用于许多食品加工上，如制作蛋黄酱及沙拉酱。

五、蛋液在烘焙产品中的作用

（1）增加产品的营养价值。

（2）增加产品的香味、改善组织口感及滋味。

（3）增加产品的金黄颜色。

（4）作黏结剂可结合其它不同材料。鸡蛋含有相当丰富的蛋白质，这些蛋白质在搅拌过程中能捕集到大量的空气而形成泡沫状，与面粉的面筋形成复杂的网状结构，从而构成蛋糕的基本组织，同时蛋白质受热凝固，使蛋糕的组织结构稳定。

（5）作为蛋糕产品的膨松剂。已打发的蛋液内含有大量的空气，这些空气在烘烤时受热膨胀，增加了蛋糕的体积，同时鸡蛋的蛋白质分布于整个面糊中，起到保护气体的作用。

（6）提供乳化作用。蛋黄中卵磷脂等的乳化作用可使面团光滑，质地细腻、柔软、酥松。

（7）改善产品的贮藏性，因乳化作用而延缓产品的老化。

第四节 酵 母

酵母，在面包制作中使用量很少，但仍然是最重要的原料之一。主要是因为酵母可以利用其自身的酶分解面团中的蔗糖，形成二氧化碳，面筋组织包裹二氧化碳，烘烤后面团得到固定，呈膨胀状态，就变成了面包。

一、酵母的结构

从图 3-5 酵母细胞的结构来看，酵母为单细胞真菌，有细胞壁、细胞膜、细胞质、细胞核、液泡、颗粒体等。

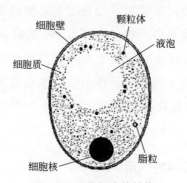

图 3-5 酵母细胞的结构

（1）细胞壁。植物细胞特有，由葡聚糖和甘露聚糖等纤维素构成。新生细胞壁薄而透明，而且会逐步变厚，成熟细胞壁厚。其目的在于保护细胞。

（2）细胞膜。选择性吸收酵母所需的必要成分。同时，在细胞外还分布着一些转化酶，这些酶在体外也能发生作用，将不能渗透过细胞膜的营养大分子分解成小分子，再渗入细胞体内，如蔗糖分子（双糖）经酵母细胞的体外转化酶分解为葡萄糖和果糖（单糖）为酵母吸收。

（3）细胞核。具有增殖作用，为酵母细胞的中心。当酵母细胞增殖时，细胞核移向一边，伸长逐渐分裂为两个，一个移入新生细胞内。

（4）细胞质。流动性的胶质状态，当酵母死亡，原生质产生不可逆的变化，即无法再恢复原来的形状。

（5）液泡。主要在鲜酵母和半干酵母中存在，个数和大小由酵母种类及酵母细胞的新老而异，也具有贮藏氨基酸及酵母所需养分的作用。

（6）颗粒体。颗粒体又分为微粒体和线粒体，微粒体是球形，合成酶等蛋白质；线粒体是线性，贮藏着酵母细胞的部分养分。

二、酵母的分类

烘焙行业内常用酵母一般按含水量分类：鲜酵母（含水量65％～80％）、半干酵母（含水量大约在20％）和干酵母（含水量大约在8％左右）。

（1）鲜酵母。鲜酵母含水量在65％～80％，干性物质30％～35％。在干性物质中，蛋白质40％～50％、碳水化合物30％～35％、核酸5％～10％、灰分3％～5％、脂质1％～2％。在2～6℃冷藏保存45d。一般使用量在2.5％～3％。

（2）半干酵母。半干酵母是鲜酵母在干燥的过程中脱出了酵母内部的自由水，酵母干物质控制在80％左右，没有脱出结合水，酵母在干燥过程中并没有受到伤害，酵母细胞膜完整，死亡细胞少。半干酵母对温度敏感，可在−18℃冷冻保存两年。一般使用量在1.0％～1.2％。

（3）干酵母。鲜酵母经干燥而成干酵母，约含有92％固形物。酵母在干燥环境已成休眠状态，因此，在使用干酵母加入面团前，最好先用温水（41～43℃）、4～5倍酵母的水量溶解，放置5～10min。即使干燥过程中部分酵母死亡以及活力损失，但由于干酵母固形物含量为鲜酵母的三倍，所以干酵母的活力远远大于鲜酵母。鲜酵母为了达到与干酵母相当的活力，在使用过程中的换算比例为鲜酵母：干酵母＝2∶1。一般使用量为1％，常温保存2年。

三、酵母增殖

在一般正常环境时，酵母细胞进行出芽增殖，当温度为28～32℃、pH 4.0～5.0时的环境为酵母最适增殖范围。出芽增殖完成需要2h，一个健康的酵母可以连续长25次芽。当生存环境不良时，如温度太高或太低，湿度太小、化学药剂及其它不良因素影响下，不能进行出芽生殖而进行孢子增殖，孢子内的细胞核经1、2、3次分裂，一个子囊内可发现2、4、8个孢子，子囊孢子长到适当大小，若遇到适当的环境，子囊壁破裂，释放出孢子，再进行出芽增殖。酵母孢子可抗热及干燥，这是营养细胞所不能比的，但酵母不能抵抗高温，比如在60℃会被杀死。现在有微生物学家为优选更好的酵母品种，会将各种不同优良性质的酵母进行杂交繁殖，从而得到良好的品种。相对于前面的出芽增殖和孢子增殖等无性增殖，利用杂交的方法繁殖称之为有性增殖。

四、酵母营养及发酵

1. 酵母营养

酵母所需要的营养主要为碳源、氮源及一些无机盐和维生素等。碳源主要是供酵母生产及能量；氮源用于合成蛋白质及核酸等；无机盐用于构成细胞结构。

酵母只能利用一些单分子糖类作为碳源，对于蔗糖，需要通过体外转化酶分解为葡萄糖和果糖，溶于水中被酵母所吸收。而氮源，不管是有机含氮化合物或是无机铵盐，都可以被酵母所利用合成蛋白质、核酸等。

2. 酵母发酵

酵母发酵是面团在无氧的状态下，将面粉中的糖类以及配方中辅助材料的糖类经过酵母体内发酵酶的催化作用，产生二氧化碳、酒精及一些有机酸，让面团体积膨大，并给予面团延展性、弹性，以及特有的发酵香味。在酵母中主要有三大酶对于酵母的发酵起着至关重要的作用。

（1）转化酶。部分转化酶由于老的酵母细胞裂解释放出体外，这些转化酶在体外仍可进行作用。同时，酵母细胞膜及酵母细胞壁里也含有转化酶。转化酶将蔗糖（砂糖）在酵母体外分解成葡萄糖和果糖，然后再渗透进入酵母体内。

（2）麦芽糖酶。在淀粉经 α-淀粉酶分解为糊精，糊精经 β-淀粉酶分解为麦芽糖后，麦芽糖再经酵母细胞膜的酶搬运至酵母细胞体内，从而体内的麦芽糖酶将麦芽糖分解成两分子葡萄糖。

（3）发酵酶。发酵酶是有助于发酵的多种酶的统称，将酵母体外淀粉、蔗糖经过系列反应转化成体内的葡萄糖和果糖分解成二氧化碳和酒精。

3. 影响酵母发酵的因素

（1）温度。酵母发酵，酵母首先利用的是面粉中的单糖和双糖，这些糖用完后，面粉里的淀粉酶分解破损淀粉形成麦芽糖，酵母再利用麦芽糖进行发酵。转化酶的最适宜温度为 50～60℃，麦芽糖酶为 30℃，发酵酶为 30～35℃。从酶的活性上来讲，温度升高，酵母的发酵速度增加，气体的产生量增加，但是一般的发酵温度不要超过 38℃，超过 38℃，气体产生反而减慢。一般正常的面包制作，搅拌完成的面团温度为 26℃，面包快速制作时，搅拌面团终温可以达到 30℃。我们知道，搅拌面团终温的控制对于面包品质稳定性至关重要，终温太高，酵母在面团成型过程中就已开始发酵，则在最终发酵时需要缩短时间来进行弥补；终温太低，面团偏硬，在面团成型过程中伤害面筋，在最终发酵时需要延长时间来进行弥补；但不管是温度太高或太低，通过弥补的方式终归会影响面包制作的稳定性。

（2）pH。酵母对 pH 的适应能力最强，尤其可耐 pH 低的环境。实际上面包制作时，面团 pH 维持在 4～6 最好。

（3）乙醇（酒精）。酵母对乙醇的耐力较强，但在发酵过程中，乙醇产生越多，发酵速度越慢。

（4）糖类物质。发酵之所以能产生 CO_2 和酒精等，主要是因为面团内含有可以为酵母吸收的四种糖：蔗糖、葡萄糖、果糖、麦芽糖。

（5）渗透压。高浓度的砂糖、盐、无机盐和其它可溶性的固体都足以抑制酵母的发酵，面包制作中影响渗透压的主要物质有盐和糖，糖量在 0～5％时，可促进发酵，超过 8％～10％时，由于渗透压的增加，酵母体内原生质渗出细胞膜，原生质分离，酵母因此破坏，发酵受到抑制。干酵母比鲜酵母耐高渗透压环境。盐是高渗透压的材料，一般使用量为 1.5％～2％，只要有一点加入，即有抑制酵母发酵的作用，盐比糖抑制发酵的作用大。

（6）酵母浓度。需短时间发酵的面团、糖含量较多的面团以及速冻的面团，一般需要用较多量的酵母促进发酵。但酵母倍数的增加，不可能使发酵速度也成倍增加。

（7）死干酵母的影响。由于死干酵母中含有谷胱甘肽，有降低面筋气体保持性的作用，为了不使面团保气性过低，需要加入一些改良剂。

（8）防腐剂。常用防腐剂是丙酸钙，丙酸盐的一般使用量为 0.1％，最高使用量为 0.32％～0.35％，防腐剂量增加，延长最后发酵时间。

五、酵母对面包产品制作的影响

酵母最主要的作用是所产生的 CO_2 被包含在面团内而使面团膨胀起来，同时，还可以使面筋扩展并产生发酵风味，所以酵母的发酵不能以化学膨胀剂所替代。

（1）使面包膨大。这是酵母的重要作用之一，在发酵中，酵母可以利用面团中的糖发酵，最终产生 CO_2，使得面团膨松并在烘烤过程中使面包的组织膨大、疏松。

（2）扩展面筋。在发酵过程中，面包酵母中的各种酸，不仅促使面团中所含各种糖的分解，而且也使淀粉、蛋白质发生复杂的生物、化学变化，产生大量的 CO_2，CO_2 在形成气泡时从内部拉伸面团组织，增强面团的黏弹性，最终得到细密的气泡和很薄的膜状组织，同时，还产生酒精和有机酸等。

（3）增加面包的风味。给面带来特别风味的物质主要是在发酵过程中产生的一些挥发性化合物，如酒精、有机酸、醛类、酮、酯等。

六、使用酵母的一些注意事项

（1）发酵的温度和时间要严格操作。酵母在30℃左右时发酵的速度约为20℃左右时的3倍，温度的微小差异都会使发酵工艺的进行受到较大的影响并直接影响到产品的品质，所以，在面包制品及冷冻面团制作的整个工艺流程中，温度和时间必须严格控制，这里的温度不仅是面团的温度，也指原材料及环境的温度。

（2）酵母的种类选择。实验证明，产品的不同，以及使用目的和条件的不同，需要使用不同的酵母。比如，需要增加面包发酵风味的品种时，多用干燥酵母；在制作果子面包时，由于其糖量在35%左右，多用耐糖性强的鲜酵母，否则选择隔夜中种生产工艺。

（3）酵母用量的增减。依据一般制程及配方，需要灵活调整酵母使用量，比如，与天然酵母混用或选择长时间发酵工艺时，可减少酵母使用量；当制作工艺较复杂且需要反复手工制作或者生产室温较高时，可略减酵母使用量；当面粉筋度较强、含盐较多、生产用水呈碱性时，可略增加酵母用量；当酥油较多、发酵时间较短、砂糖用量超10%以上时，需增加酵母用量。

第五节　乳　制　品

乳制品作为烘焙原材料使用，最主要的作用是其营养价值、风味和香气，同时，也可以增加烘烤色泽、防止老化等。

一、乳制品的种类

1. 牛奶

从乳牛身上直接挤出来的生乳经过杀菌和均质化处理，不添加任何生乳以外的物质，称为牛奶。杀菌方法主要有低温长时间杀菌法，又称巴氏杀菌（LTLT），即让牛奶在60℃下保持半小时左右，从而达到杀菌的目的；高温短时巴氏杀菌法（HTST），是把牛奶加热到72～75℃或82～85℃，之后保持15～20s，然后再进行冷却；超高温瞬时灭菌（UHT），是指将原料奶在连续流动的状态下通过热交换器迅速加热到 135～140℃，保持 3～4s，从而达到商业无菌的杀菌方法。

2. 奶粉

奶粉是以新鲜牛奶为原料，用冷冻或加热的方法，除去乳中几乎全部的水分，干燥后添加适量的白砂糖加工而成的食品。由牛奶直接浓缩干燥而成的称为全脂奶粉；由牛奶中分离出乳脂后干燥成粉末制作而成的称为脱脂奶粉。奶粉的营养价值，几乎与生乳没有什么不同。

3. 炼乳

炼乳是一种牛奶制品，通常是将鲜乳经真空浓缩或其它方法除去大部分的水分，浓缩至原体积 25%～40% 左右的乳制品，分为含糖和无糖两种。含糖炼乳又分为全脂和脱脂，加糖一般是加入 40% 的蔗糖装罐制成的。

4. 奶酪

奶酪，又名干酪，是一种发酵的牛奶制品，即在牛奶中添加乳酸菌和凝乳酶，使其凝固、熟成制作出来的。其性质与常见的酸奶有相似之处，都是通过发酵过程来制作的，也都含有可以保健的乳酸菌，但是奶酪的浓度比酸奶更高，近似固体食物，营养价值也因此更加丰富。

5. 鲜奶油

鲜奶油、淡奶油，或者简称鲜奶、淡奶，是从牛奶中分离出乳脂肪超过 18% 且没有任何添加物的液体，俗称纯动物鲜奶油。目前市场上还可以见到纯植物奶油和动植物混鲜奶油。植物奶油是将植物油氢化之后加入能产生奶香味的香精，其有更好的加工性能，但是在风味和营养成分上还是远不及纯动物奶油的。

一般用于打发鲜奶油的脂肪成分在 35% 以上，如果脂肪率在 35% 以下，打发后虽然很柔软但不稳定。如果脂肪率超过 50%，虽然打发后稳定性很好，但打发的体积会减少且没有柔软感。优质的鲜奶油风味和口感好，气泡很细且柔软，稳定性强，最后在这些基础上还能打发出适当的体积。打发奶油时要注意温度管理。打发开始时的温度最好在 5℃ 左右，打发后的温度不能超过 15℃。打发的时候如果速度很快，需要的时间虽然短，但气泡会很粗；相反，如果打发速度很慢，打发后的温度会升高也不会得到好结果。

鲜奶油打发原理如图 3-6，鲜奶油打发前奶油中的脂肪球和水分很好地乳化在一起，但随着搅拌过程中脂肪球的互相碰撞，开始凝集在一起破坏了乳化状态，这些凝集的脂肪球会包围在打发生成的气泡周围，这时蛋白质会起作用使气泡安定下来，就这样奶油的体积逐渐变大。影响鲜奶油打发的要素如表 3-5。

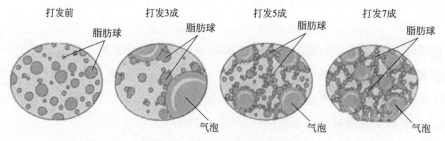

图 3-6　鲜奶油的打发原理图

表 3-5　影响鲜奶油打发的要素

要素	效果	要素	效果
蛋白质	蛋白质含量要适当	酸度	酸度在 0.3 以上打发效果会很差，不要用长时间放置的鲜奶油
脂肪粒大小	脂肪粒越大打发效果越好		
脂肪量	脂肪量越多黏度越高	砂糖量	砂糖量超过 10% 硬度会减弱
黏度	黏度越高气泡越稳定	温度	温度在 7～8℃ 脂肪才开始凝聚

鲜奶油最理想的保存温度是 3～5℃，最多不能超过 10℃。低温保存不仅可以防止细菌繁殖，还可以使脂肪球硬化，提高其打发效果。

6. 酸奶

酸奶是在经灭菌的牛乳中添加乳酸菌发酵、凝固而得到的制品。在特殊的面包制作中，常用酸奶与面包酵母配合作为发酵剂，制作具有特殊风味的面包制品。酸奶还经常用于蛋糕和饼干产品中。

二、乳制品的营养成分

乳制品含蛋白质、乳脂肪、乳糖以及人体所需要的多种氨基酸等。

1. 乳脂肪

乳脂肪，为三酸甘油酯，由众多的饱和脂肪酸和少量的不饱和脂肪酸组成，不饱和脂肪酸主要是油酸和亚麻酸。

乳脂肪可制成奶油，呈黄色，又称为黄油。奶油用于烘焙时与其它油脂一样，可起到润滑、柔软面筋的作用，只是因为乳脂肪当中也含有一些羰基化合物，给奶油提供了浓郁的天然奶油风味。

乳脂肪中还含有少量的复合脂肪，如卵磷脂和脑磷脂。牛奶中的乳脂肪一般不用有机溶剂提取，牛奶中的乳脂肪以细小的颗粒混匀在牛奶内，用搅拌法制造时，细小油脂颗粒经搅拌，颗粒与颗粒之间相互结合成较大的颗粒而上浮，分离得到奶油，剩余的脱脂奶中所含的卵磷脂较多约 1.9%～5.85%，而奶油中只有 0.023%～0.099%。胆固醇在奶油中占 0.25%～0.45%。除此之外，还有色素胡萝卜素和叶黄素，以及油溶性维生素 A 和维生素 D。

2. 蛋白质

乳制品中的蛋白质主要是酪蛋白、乳清蛋白和乳球蛋白。

（1）酪蛋白。酪蛋白占牛乳中蛋白质的 80%，将脱脂奶中加酸使 pH 调整到酪蛋白的等电点 4.6～4.7，酪蛋白沉淀析出。酪蛋白含有多种人体所不可缺少的氨基酸，如组氨酸、赖氨酸、色氨酸、苯丙氨酸、缬氨酸等。

（2）乳清蛋白和乳球蛋白。酪蛋白沉淀析出后，过滤而得到乳清。乳清中的乳清蛋白和乳球蛋白对热均不稳定，加热易变性、凝结，一些加工处理不当的奶粉，在加热干燥时部分蛋白质变性而沉淀。乳清中也含有各种人体必需氨基酸。

3. 乳糖

牛奶中的碳水化合物主要是乳糖，在牛乳中含量达到 4.7%，具有还原性，在乳糖酶或酸的作用下可分解成葡萄糖和半乳糖。烘焙用酵母细胞内没有乳糖酶而不能利用酵母吸收利用。

三、乳制品在烘焙制品中的作用

1. 提供风味及滋味

乳制品中的固形物（乳糖、乳脂肪、蛋白质等）加热后会产生淡淡的乳香。为使烘焙食品特别是高级面包，具有乳制品特有的美味及香味，必须添加乳制品来改善产品的味道，增加食欲。在实际使用中，想让人的味觉明显感受到乳制品的风味就需要达到一定的添加量，牛奶的使用量要与水量相同；脱脂奶粉或全脂奶粉是 6%～7%；加糖、炼乳要达到 5% 左右。

2. 提供丰富的营养价值

乳制品含有丰富的蛋白质及人体所需要的氨基酸，使面包具有更高营养价值。

3. 对面团发酵的影响

面团发酵时，面团酸度增加，发酵时间越长，酸度增加越大，但乳蛋白就可缓冲酸度的增加，增强面团的发酵耐性，使发酵过程变缓慢，面团也变得柔软光滑，便于机械操作，有助于品质的管理。

没有添加奶粉的面团，搅拌之后平均 pH 为 5.8，经 45min 发酵后，降为 5.1 左右；而含有乳粉的面团，搅拌之后 pH 为 5.94，经 45min 发酵后，降为 5.72 左右，淀粉分解酶的最适 pH 为 4.7，因此，淀粉分解酶的分解速度在没有奶粉的面团中比有奶粉的面团快。

对于糖量少或没有糖的面团，加入奶粉会降低淀粉分解酶作用，最终减少面团气体的产生，在此情况下，可加入麦芽粉、麦芽糖浆，补救奶粉的影响；对于面团内已含有足量的糖，奶粉的添加可加速气体的产生，因为奶粉能刺激酵母内酒精的活性，加快发酵速度，增加气体的产生。

4. 对表面色泽的影响

烘焙食品在烘烤时所形成的颜色主要有三方面原因，糊精化作用、焦糖作用及美拉德反应。表皮的上色主要以褐变作用最重要，而还原糖与蛋白质是褐变的主要反应物质。乳制品中的乳糖及蛋白质在烘烤过程中发生反应，加深表皮的呈色。

5. 对面团加工性能的影响

奶粉的吸水量约为其重量的 $100\% \sim 125\%$，面粉的吸水量只有其重量的 $58\% \sim 64\%$，奶粉可增加面团的吸水性，调粉时要考虑奶粉的吸水影响。一般，在原配方的基础上加入奶粉时，要多加入 2 倍奶粉重量的水。

6. 保湿性

面包老化的原因除了面包内淀粉的老化作用外，水分减少引起的硬化也是重要原因之一。含有奶粉的面包，有较强的保湿性，可减缓水分的蒸发，因此使面包柔软的时间增长。

第六节　油　　脂

在常温下（15℃）呈液态的，如豆油、菜油等称作油，而猪油、黄油、人造奶油等呈固态或半固态的称作脂。

一、油脂的主要成分

油脂主要成分为脂肪酸甘油酯，由甘油和脂肪酸通过酯键结合而成，甘油虽然单一，但与其结合的脂肪酸种类众多。

1. 甘油

甘油是一种黏稠状的液体，比水重，微有甜味，可以以任意比例与水混合，甘油有很强的吸湿性，所以常用以加入食品内，以防止食品老化。

2．脂肪酸

（1）脂肪酸的分类。①饱和脂肪酸，所谓饱和即是碳原子间只有单键结合。饱和脂肪酸碳原子越多，分子量愈大，熔点愈高。②不饱和脂肪酸，脂肪酸含有一个或一个以上双键。脂肪酸不饱和键愈多，则油脂熔点愈低，愈易受化学作用，如酸败、氧化和氢化等。不饱和脂肪酸的同质异构性有两种形式，结合位置不同的异构和几何异构。前者主要指双键位置的不同形成的异构，如牛油及奶油内含有少量的 18 碳烯酸，其双键位于 11 碳及 12 碳位置之间，而油酸在 9 碳及 10 碳之间，形成油酸的异构物；几何异构主要指不饱和脂肪酸由于氢原子与双键碳原子的结合方向不同，分为 cis 型和 trans 型，cis 型的双键碳原子上的氢原子在同一方向，trans 型的氢原子在相对的方向。

cis　　　　　　　trans

双键越多，异构体愈多，几何异构大大影响其油脂的熔点。一般而言，自然界存在的油脂或油皆为 cis 的异构体，少量为 trans 的异构体，trans 的异构体大部分在油或油脂的氢化作用后产生。

（2）脂肪酸的特征。脂肪酸大多是含有偶数碳原子的直链状脂肪键与羧基结合而成的脂肪酸。一般脂肪酸与甘油酯化而成三酸甘油酯，即油或油脂。油或油脂再经水解，又分解为脂肪酸和甘油，脂肪酸所占比例较大，约占油脂质量的95％。脂肪酸的种类很多，因此油或油脂的化学性质及物理性质易受脂肪酸种类及脂肪酸与甘油结合位置的影响。

二、油脂的性质

1．烟点、燃点

烟点就是油脂加热后开始冒烟的温度；燃点就是油脂起火的温度。通常食用油的烟点是 230℃以上。添加乳化剂的油脂，烟点会降低，因此，一般不太用添加乳化剂的油脂来进行油炸食品的制作。

2．乳化

乳化的形态有两种，在水中溶入油（O/W）型，以及在油中溶入水（W/O）型。一般的麦淇淋是 W/O 型，鲜奶油是 O/W 型，前者口感不太好，后者口感很好。

3. 可塑性

油脂分成固体、半固体和液体三种，其中，半固体具有可塑性。可塑性指固体在被施加外力后变形且变形不能还原的物理特性。

固体脂肪指数（SFI）是衡量麦淇淋尤其是可可脂产品质量的重要指标之一，它与可可脂的口溶性密切相关。可可脂、麦淇淋和酥油三种油脂在不同温度下的固体脂肪指数（SFI）含量不同，从而也决定了它们的使用范围和应用领域。

4. 氢化反应

不饱和脂肪酸在催化剂的催化下，可在不饱和键上加氢，使不饱和脂肪酸变成饱和脂肪酸，液态油变成固态油脂，此反应称为加氢反应，得到的油脂称为氢化油。进行氢化反应，是为了得到提升氧化安定性和适当硬度的油脂，如起酥油和人造奶油。

5. 水解反应

油脂可以与水发生水解作用而分解成脂肪酸及甘油。温度上升会加速油脂的水解作用，如油炸多拿滋，多拿滋面团内的水渗入油内，因油内水分的存在及在高温下，使油脂加速进行水解作用，所以，用新鲜油油炸时，起初油炸产品颜色浅，但经过一段时间后，炸出的多拿滋在形态上、颜色上都很好，主要原因是水解作用中，除了产生脂肪酸和甘油外，还产生了单酸甘油酯和双酸甘油酯等还原性物质。当水解出的脂肪酸超过一定量时，油的烟点降低，产生泡沫，不再适合油炸。

6. 酸败

由于油脂含有不饱和脂肪酸，而不饱和脂肪酸的性质不稳定，所以，油脂含有的不饱和脂肪酸越多，性质越不稳定。油脂暴露在空气中会自发进行氧化作用而产生苦味和异臭物质，这种现象称为油脂的酸败。除此之外，水解作用产生一些有不愉快气味的脂肪酸而带来酸败，比如奶油在水、高温的作用下产生丁酸和甘油，其中丁酸具有酸败味。

三、常用油脂的种类

1. 奶油

奶油，又称黄油，是从牛奶中分离而得的固体油脂，具有奶油香味，营养价值高，脂肪含量在 85% 左右，颜色呈微微的黄色。浓醇芳香是黄油风味的精髓。除了风味及香气之外，黄油具有制作出糕点口感及质感的作用。黄油会因温度而产生硬度的变化，因此能够发挥黄油的可塑性、酥脆性及乳化性，对糕点的完成有着相当大的影响。

2. 麦淇淋

麦淇淋，是在油脂里加水、乳粉、色素、香精、乳化剂、防腐剂、抗氧化剂、食盐、维生素等辅料，经乳化、极冷捏合而成的具有天然奶油特色的可塑性油脂制品，油脂含量 80% 以上，20% 为水、奶粉、盐和乳化剂等。水中溶解食盐、奶粉等物质，作为水相与油相混制，给麦淇淋带来了不同的风味。麦淇淋作为黄油的替代品，却比天然黄油有更宽的可塑性范围，如图 3-7 所示，所以它的应用也非常广泛，可以用于面包涂抹用油、烘焙搅拌用油以及丹麦和酥饼裹入用油。

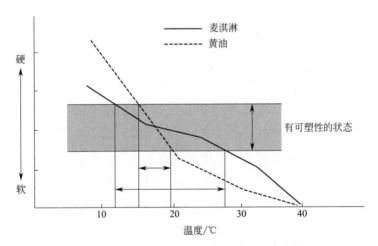

图 3-7　麦淇淋与黄油的可塑性随温度变化图

3. 起酥油

起酥油，作为猪油的替代品，是指精炼的动植物油脂、氢化油、酯交换油或这些油的混合物，经混合、冷却、塑化而加工出来的具有可塑性、乳化性的固态或流动性的油脂产品，水分在 0.5% 以下。与麦淇淋的主要区别是起酥油中没有水相。

4. 植物油

植物油是从大豆、菜籽、花生、棕榈果、玉米胚芽等油料中取得的液体油脂，植物油中主要含有不饱和脂肪酸。

四、油脂在烘焙制品中的作用

油脂对于烘焙制品的重要性是不言而喻的，而且除了油脂的用量会影响产品的特性及风味以外，对于不同类别的产品，油脂所起的作用也各有不同。一般油脂影响烘焙的功能如下：①对于面包来说，面包内侧、表皮外层较薄且柔软；气泡孔洞均匀细致且具光泽；可以防止面包水分蒸发、延缓面包老化；具有油脂独特的味道、香气，增添风味并改善口感；提高营养价值；使面团延展性变好、强化气体保持力、增加面包的容积；提升机械耐性。②对于饼干及丹麦类冷冻面团来说，产品酥脆，好吃可口。③对于蛋糕来说，安定蛋糕面糊，产品的保存性好。

虽然对不同类别的产品，油脂作用的侧重点均有所不同，但总体上来说，油脂在烘焙制品中的作用有如下。

1. 充气性

油脂具有拌入空气的功能。对于一些蛋糕产品的制作，要想做出理想的产品，与搅拌时拌入油脂的空气是非常重要的，油脂的好坏影响到搅拌时，拌入油脂空气气泡及保存于油脂内空气气泡的多少。蛋糕面糊内所保存的空气或搅拌时所拌入的空气，都在面糊的油脂成分内，而不存在面糊的液相内，同时搅拌时所拌入的气泡形成一核心，当面糊进炉烘烤时，面糊受热，化学膨胀剂所产生的二氧化碳及水蒸气即附在核心的气泡上，因此气泡愈来愈大，遂使产品膨大，等烘烤达到某一温度时，油脂受热熔化，不能再限制气泡，因此气泡转移入液相内，与其它气泡互相连接，从而体积胀大。

2. 安定功能

面糊是由油脂形成的内部相及由砂糖、面粉、牛奶、蛋所形成的外部相所共同形成的乳状液，如果面糊内未经适当地拌入空气，乳状液稀薄，面筋结构脆弱，面糊因而缺乏韧性。蛋糕用油脂在搅拌时拌入空气，于油脂内形成无数小气泡，机械性地增强面糊的韧性，在烘烤时面糊不至于塌陷，直到面糊内其它成分，如面筋等凝结。一般而言，面糊的气泡愈小、量愈多，分布愈广，产品体积愈大，组织愈好。

3. 提升口感

油脂于产品内最重要的功能就是使产品柔软、酥脆，同时，油脂的使用，可以增加砂糖、牛奶及蛋等其它材料的用量，这些材料可以使产品更为美味。若使用的油脂为奶油，则让产品更加具有不同的特殊香味。

4. 油脂的营养

油脂所含热量高，约为其它食物如淀粉、糖等的两倍，除此之外，食用油脂内溶有油溶性的维生素，如维生素 A、维生素 D、维生素 E、维生素 K 等。

第七节　盐

在烘焙食品制作上，盐是关键物质之一。不添加盐而制作的面团，搅拌时间短而且异常黏，导致面团在发酵过程中气体保持力差，烘烤出的成品成色不良，尝起来没有面包特有的风味。

一、食盐在烘焙制品中的作用

1. 调味

食盐是一种调味物质，与砂糖的甜味相互补充，使味道甜而柔和，食之适口，特别是不加盐的蛋糕甜味重，食后生腻，而盐不但能降低甜度，还能带出其它独特的风味。

2. 调节和控制面团发酵速度

盐的用量超过 1%（面粉中的质量分数）时，就能产生明显的渗透压，对酵母发酵有抑制作用，降低发酵速度。因此，可以通过增加或减少配方中盐的用量来调节和控制面团发酵速度。

3. 增强面筋筋力

盐可使面筋质地严密，增强面筋的立体网状结构，易于扩展延伸，同时，能使面筋产生相互吸附作用，从而增加面筋的弹性，因此低筋粉可使用较多的食盐，高筋粉则可以少用盐，以调节面粉的筋力。

4. 改善组织内部颜色

由于食盐改善了面筋的立体网状结构，使面团有足够的能力保持 CO_2 气体，同时，食盐能够控制发酵速度，使产气均匀，面团均匀膨胀扩展，使面包内部组织细密、均匀，气孔壁薄呈半透明，阴影少，光线易于通过气孔壁膜，故面包内部色泽变白。

5. 增加面团调制时间

如果调粉开始时，加入食盐，会增加面团调制时间 50%～100%，现代面包生产技术都采用后加盐法。

二、盐的用量

依据制作品项不同，盐的用量随之改变。比如，吐司面包中盐的用量一般不超过 2%，糕点中盐的用量不超过 0.8%等。一般关于盐的用量，有以下几项规律可循。

（1）根据面粉的筋力，低筋面粉应多用盐，高筋面粉应少用盐。

（2）如果配方中糖的用量较多，食盐用量应减少，因二者均产生渗透压作用。

（3）如果配方中油脂用量较多，食盐用量应增加。

（4）如果配方中乳粉、鸡蛋、面团改良剂较多时，食盐用量应减少。

（5）如果夏季温度较高时，应增加食盐用量，秋冬季节温度较低时，食盐用量应减少。

（6）如果水质较硬时应减少食盐用量，水质较软时应增加食盐用量。

（7）如果需要延长发酵时间时可增加用盐量，需要缩短发酵时间时应减少用盐量。

三、食盐的添加方法

对于面包制品而言，无论采用何种制作方法，建议盐都要采用后加法，即在面团搅拌的最后阶段加入，一般在面团的面筋扩展阶段后期即面团不再黏附搅拌缸壁时，盐作为最后原料加入，然后搅拌 5～6min 即可。直接发酵法中，盐一般最后加入；而中种发酵法，盐在主面团的最后搅拌阶段加入。

第八节　水

水是面包生产中不可或缺的原料，麦谷蛋白和醇溶蛋白在水分的作用下形成面筋，酵母以溶于水中的糖分作为营养源，酶、糖或氨基酸都是溶于水后才开始产生作用，淀粉在烘烤过程中的胀润和糊化也是没有水就不可能完成的。

制作优质面包的关键点很多，其中，最为重要的控制点之一就是面团的硬度，而适当的面团硬度的判断，就是判断最适当的吸水量。吸水量会影响到面包的制作过程、柔软度和老化的速度等。

一、水的种类

（1）软水：指矿物质溶解量较少的水。

（2）硬水：指矿物质溶解量较多的水，如含钙盐、镁盐等盐类物质，硬水又因为所含矿物质质量及成分的不同而分为暂时硬水和永久硬水。①暂时硬水：水中的钙、镁碳酸盐类，经加热煮沸后，可析出沉淀物和分解成 CO_2 而得到软水；②永久硬水：水中的钙、镁硫酸盐类和氯化物盐类，经加热煮沸后仍不能去除。

现在常用的硬水软化方法以离子交换最有效。离子交换材料为沸石，硬水流经沸石，水中的钙镁离子交换沸石内的钠，原来的钠沸石经交换后成为钙沸石，钙沸石用 5％～10％ 的盐水灌入，盐水的钠又与钙沸石交换，从而又恢复沸石软化功效。

（3）碱性水：pH 大于 7 的水。

（4）酸性水：pH 小于 7 的水。

二、水的硬度分级

硬度，是相对于水中的钙、镁离子量，折算成 $CaCO_3$ 的质量浓度。具体硬度值多少才称为软水，或多高以上才称为硬水，似乎没有世界通用数值的基准。

在日本，100（mg/L）以下为软水，100～150（mg/L）为略硬水，150～200（mg/L）为硬水，200（mg/L）以上为非常硬水。

在德国，179（mg/L）以下为软水，179～358（mg/L）为中间硬水，358（mg/L）为硬水。

在我国，通常以硬度的度数来表示水的软硬，1 度是指 1L 水中含有 10mg 氧化钙。我国把水的硬度共分为 6 级，极软水：0～4 度；中软水：4～8 度；中硬水：8～12 度；软硬水：12～18 度；硬水：18～30 度；极硬水：30 度以上。

三、水质对面团和面包品质的影响

（1）硬水：面包制作一般使用略硬水。如果水的硬度太高，面筋变硬紧缩，面筋的韧性过度增强而容易断裂，从而抑制面团发酵，导致面包体积小、口感粗糙、易掉渣。这种情况在工艺上可采用增加酵母用量，减少面团改良剂用量，提高发酵温度，延长发酵时间来进行改善。

（2）软水：易使面筋过度软化，面团黏度大，吸水率下降，虽然面团内的产气量正常，但面团的持气性却下降，面团不易起发、易塌陷、体积小，成品具有湿重感。这种情况在工艺上可以采取添加酵母食物、食盐或补充钙盐进行改善。

（3）酸性水：水的 pH 呈弱酸性，pH 为 5.2～5.6，有助于酵母的发酵。水的 pH 主要影响面包酵母的活性、酶活及面筋的物理性质。若水呈酸性过大，即 pH 过低，则会使发酵速度太快，并软化面筋，面筋容易断裂，面团的持气性差，酸味重，口感不佳。

（4）碱性水：水中的碱性物质会中和面团中的酸度，得不到需要的面团 pH，抑制了酶的活性，影响面筋成熟，延缓发酵，使面团变软；如果碱性过大，还会溶解部分面筋，使面筋变软，面团缺乏弹性，降低了面团的持气性；同时，面包产品颜色发黄，内部组织不均匀，并有不愉快的异味。

四、水在烘焙制品中的功能

（1）面粉为面包的基础原料，但面粉内的蛋白质需要吸收水分胀润形成面筋网络，构成面团的骨架，使淀粉吸水遇热糊化，易于被人体消化吸收；

（2）溶解多种干性原辅料，使多种原辅料充分混合，成为均匀一致的面团；

（3）调节和控制面团的黏稠度；

（4）外界环境温度随季节不同而改变，通过冰水、热水来调节和控制面团的温度；

（5）帮助生物反应，一切生物活动均需在水溶液中进行，包括：促进酵母的生长及酶的水解；

（6）延长面包可食用的时间，保持较长久的柔软；

（7）作为烘焙产品的传热介质。

五、面包对水的要求

（1）面包生产用水应是透明、无色、无臭、无异味、无有害微生物，不允许致病菌的存在；

（2）对硬度的要求：8～16 度，过硬与过软的水均不适于冷冻面团的生产与制作；

（3）对 pH 的要求：对于发酵面团，酵母最适宜生长的 pH 范围为 5.0～5.8，pH 过高的水，不利于酵母的生长，可添加乳酸等进行中和，偏酸性的水有助于面团发酵，但酸度过大则影响面包的体积；

（4）对温度的要求：不同的产品，不同的面团，都有其不同的温度条件，由于酵母的繁殖最适宜温度为 25～28℃，因此，面团搅拌终点一般要求温度控制在 25～30℃之间，所以要使面团达到适宜温度，通过水温调节是一种既方便又经济的手段。

第九节　改　良　剂

在制作烘焙食品时，为改善面团或面糊的性质、加工性能和产品质量，需要添加一些化学物质，称为"改良剂"。

一、改良剂的分类

改良剂的种类按化学成分可分为：无机改良剂（不含酶的无机化合物）、有机改良剂（主要以酶发生作用的制剂）、混合型改良剂（有机和无机化合物混合的制剂）；按作用可分为：酵母营养剂、发酵促进剂、面筋调节剂等；按产品类别可分为：面包面团改良剂、饼干面团改良剂、冷冻面团改良剂等。

二、复配改良剂的成分及其作用

实际上，没有哪一种单体改良剂能解决产品的所有问题，也没有哪一种复配改良剂能通用于所有产品。面粉蛋白质的含量、生产设备的自动化程度、面团的类型与加工工艺、保质期长短、法律法规等 5 个方面决定了改良剂的组成部分。现代化烘焙中央工厂多使用复配改良剂，一款复配改良剂的标准构成包括分散剂、氧化剂、还原剂、增白剂、乳化剂、酶制剂和其它功能性材料，用量一般在 1.5%～3%之间。复配改良剂主要成分与作用如下：

1. 分散剂

分散剂主要包括淀粉、面粉，对改良剂主体成分进行稀释，减轻配料过程中称量的压力，也可以防止吸湿受潮，影响保质期。

2. 钙盐

钙盐主要有碳酸钙、硫酸钙和酸性磷酸钙，主要作用有两点。第一，调整水质（即水的硬度），面团改良剂就是最早为改善水质而发明的；第二，调节 pH，通过中和发酵过程中产生的酸，使酵母在最适 pH 5～6 的环境中生长，充分发挥酵母活性。当面团中钙离子达到一定浓度时，可使 α-淀粉酶保持适当的构象，从而维持其最大的活性与稳定性。

3. 铵盐

铵盐主要有氯化铵、硫酸铵、磷酸铵等，因为含有氮元素，所以主要充当酵母的营养来源，促进发酵，并且其分解后的盐酸对调整 pH 也有一定作用，会使 pH 降低。

4. 还原剂

还原剂主要有谷胱甘肽和半胱氨酸，前者由谷氨酸、半胱氨酸和甘氨酸缩合成的含有巯基的三肽，具有抗氧化和活化蛋白酶的作用，因此具有增加面筋延展性（缩短搅拌、发酵时间）、防止老化的作用。后者是还原剂，来增加面筋延展性。

5. 氧化剂

氧化剂的配比为 1%，可将麦谷蛋白中的—SH 基氧化成—S—S—键，从而使面团保气性、筋力增强，延伸性降低，也能抑制面粉蛋白酶的分解作用，防止蛋白酶催化水解面筋蛋白而弱化面筋。

6. 酶制剂

酶制剂的配比为 10%，主要指 α-淀粉酶、β-淀粉酶和蛋白酶等。

（1）淀粉酶：根据不同来源分为真菌淀粉酶、麦芽糖淀粉酶和细菌淀粉酶，这三种酶最佳作用温度不同，如图 3-8 所示；根据作用机理不同又分为 α-淀粉酶、β-淀粉酶和葡萄糖淀粉酶。① α-淀粉酶，存在于所有生物中，能使黏稠的淀粉胶体水解成稀薄的液体，又称之为液化酶；α-淀粉酶属于内切酶，可以随机从直链淀粉、糖原和环糊精分子的内部水解 α-1,4-糖苷键，不能水解支链淀粉的 α-1,6 糖苷键，产生糊精，因此它的作用是能显著地降低面团的黏度。② β-淀粉酶，存在于高等植物中，它从淀粉分子的非还原性末端水解 α-1,4-糖苷键，产生麦芽糖，并使麦芽糖分子的构型从 α 型变成 β 型；β-淀粉酶是端解酶，一般与 α-淀粉酶搭配使用。③ 葡萄糖淀粉酶，主要作用于 α-1,4-糖苷键和 β-1,6-糖苷键，产生葡萄糖；反应速度比 α-淀粉酶和 β-淀粉酶快 20 倍。

三者作用机理如图 3-9 所示。

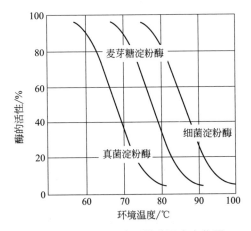

图 3-8　三种淀粉酶活性随温度变化图

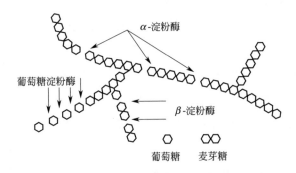

图 3-9　三种淀粉酶的作用机理图

　　搅拌时，面粉内有面筋，面筋吸水膨胀，形成一立体网状结构，每个网孔由淀粉充塞其间，酵母存在每个网孔内，即每个网孔构成一个细胞。糖等其它营养物质溶于水渗入酵母细胞膜，酵母发酵产生二氧化碳及酒精分泌到酵母细胞外，有的溶于水，有的被包围于细胞内。当面包在烘烤时，由于烤炉内热辐射，细胞内气体膨胀，增大细胞内部压力而使面包体积增大。内部压力达到某一程度，超过细胞的弹性负荷，导致细胞破裂，面包在此阶段稍微缩小，这时面包颜色及骨架大致形成。若 α-淀粉酶不足，淀粉胶体由于没有 α-淀粉酶的作用，淀粉胶体硬、弹性不足，限制细胞的膨大，面包组织粗，细胞圆小，细胞壁厚，面包体积小。若 α-淀粉酶适量，除了供给酵母所需的糖外，于面包烘烤时，不可溶淀粉由于受热作用，糊化成可溶性淀粉，而且因 α-淀粉酶的抗热性强，尚未被破坏，正是活力很强的时候，作用于淀粉分解为糊精，改变淀粉的胶性，软化胶体，使面包细胞的弹性增强，细胞得以膨大。但淀粉酶添加不可过量，过量添加使过多淀粉液化，减少细胞气体保持性，结果产生相反效果。

正常没有发芽的小麦内含有足量的 β-淀粉酶，但 α-淀粉酶则必须等到小麦发芽时才会产生，面粉厂或面包工厂为弥补这个缺失，一般会人工补充。β-淀粉酶的作用温度约在 $25\sim40℃$，作用主要在发酵阶段体现，进烤炉后的作用较少，因此麦芽糖的产生都在发酵阶段进行。而 α-淀粉酶一直到 $70℃$，活力并不受影响。两者一般会共同作用，分解面包内的破损淀粉而释放出麦芽糖及葡萄糖，麦芽糖或葡萄糖为提供酵母发酵、产生二氧化碳、膨大面包的重要能源。当然，面包制作时会添加砂糖，为酵母发酵所需，但发酵最后，此部分糖几乎被用尽，所以，淀粉酶将面粉内的破损淀粉分解成麦芽糖及葡萄糖，除提供酵母发酵所需的糖外，还用于面包焙烤时的着色反应。

综上分析，淀粉酶的主要作用效果有：①促进发酵，改善风味及色泽，防止老化；②提升面包内侧柔软度，改善面粉状态；③增加发酵性糖类，改善口感。

（2）蛋白酶：蛋白酶分解蛋白质分子的肽键，成为多肽；肽酶水解多肽，成为氨基酸，虽然蛋白酶也可分解肽而成氨基酸，但其作用速度比肽酶慢，同时肽酶不能水解蛋白质。

蛋白酶也可分为肽链内肽酶和肽链端解酶。肽链内肽酶包括胃蛋白酶、胰蛋白酶，分解时在蛋白质链上任意切成一段一段；肽链端解酶包括羧基肽酶和氨基肽酶等，分解蛋白质两边的羧基和氨基的肽键，释放出氨基酸。

根据不同来源主要包括真菌蛋白酶、木瓜蛋白酶和细菌蛋白酶，可水解蛋白质和多肽中精氨酸和赖氨酸的羧基端，并能优先水解在肽键 N 端具有 2 个羧基的氨基酸或芳香 L-氨基酸的肽键。

蛋白酶可以水解面粉内的蛋白质结构，降低面筋的强度，减少面团的硬脆性，增加面团的延展性，搓圆成型时容易操作，改善面包颗粒及组织，一般蛋白酶都加在中种面团，可以减少主面团的搅拌时间，但由于蛋白酶的添加，对整个制作过程的时间控制必须严格，否则发酵过久，面筋失去应有的筋性，结果会适得其反。但蛋白酶对于面包制作，并不是绝对需要的。以长时间搅拌面团或将盐加在搅拌最后完成阶段，效果是一样的。

（3）葡萄糖氧化酶：其作用机理是，在有氧参与的条件下，葡萄糖氧化酶催化葡萄糖氧化成 δ-D-葡萄糖内酯，同时产生过氧化氢，过氧化氢在过氧化氢酶的作用下，分解成 H_2O 和 [O]。

$$葡萄糖+O_2+H_2O \longrightarrow \delta\text{-}D\text{-葡萄糖内酯}+H_2O_2$$

$$H_2O_2 \xrightarrow{\text{过氧化氢酶}} H_2O+[O]$$

$$-SH \xrightarrow{[O]} -S-S-\text{键}$$

而面筋蛋白由麦谷蛋白和麦醇蛋白组成，面筋蛋白中的半胱氨酸是面筋的空间结构和面团形成的关键。蛋白质分子间的作用取决于二硫键—S—S—的数目和大小。二硫键可在分子内形成（麦醇蛋白），也可以在分子间形成（麦谷蛋白）。葡萄糖氧化酶在氧气存在的条件下能将葡萄糖转化为葡萄糖酸，同时产生过氧化氢，过氧化氢是一种很强的氧化剂，能够将面筋分子中的疏基（—SH）氧化为二硫键（—S—S—），从而增强面筋的强度。因此，概括来说，葡萄糖氧化酶在面包中的作用为：①强化面筋组织、增强弹性，对机械冲击有更好的承受力，形成干而不黏的面团；②在面包烘烤中使面团有良好的入炉急胀特性，增大面包体积。

（4）转谷氨酰胺酶（TG 酶）：主要是在面筋蛋白质的谷氨酰胺和赖氨酸之间形成交联，形成—NH_2—键，起到强化面筋的作用，如图 3-10，但与—S—S—键效果相比，面筋强化要弱柔和一些。

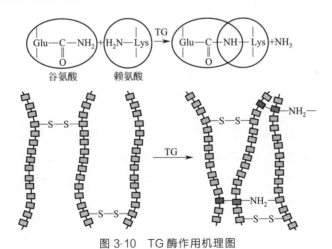

图 3-10　TG 酶作用机理图

TG 酶是一种催化酰基转移反应的转移酶，它能够促使蛋白质分子内交联、分子间交联以及蛋白质和氨基酸之间交联，可以在很大程度上改善蛋白质的功能性质。TG 酶在面包中的作用为：①小麦粉的吸水率略有提高，这是由于 TG 酶具有很高的亲水性，使得面团的吸水率有所增加，面团的形成时间和稳定时间有所提高；稳定时间越长，韧性越好，面筋的强度越大，面团的加工性质越好。②面筋网络结构和耐机械搅拌能力得到增强，小麦粉的粉质特性得到改善。③蛋白质分子间和分子内的交联作用得到加强，从而增强了面筋的网络结构和面团的稳定性；同时面包的体积和比容均有所增大。④面包的持水性得到提高，水分的保持有效抑制了淀粉的老化，面包的硬度有所减小，面包的弹性明显增大；贮藏过程中老化焓值减小，有效抑制了面包的老化，延长了面包的货架期。

（5）木聚糖酶：作用机理如图 3-11，小麦面粉中含有少量的戊聚糖，主要是阿拉伯木聚糖（AX），阿拉伯木聚糖又分为水溶性阿拉伯木聚糖（WEAX，25%）和水不溶性阿拉伯木聚糖（WUAX，75%）；阿拉伯木聚糖具有保护蛋白质泡沫的抗热破裂能力，面包制作过程中添加适量的木聚糖酶，可增加面团中的 WEAX，高黏度的 WEAX 围绕在气泡的周围，增加了面筋-淀粉膜的强度和延伸性，因而在高温焙烤时气泡不容易破裂，且 CO_2 扩散离开面团的速率减慢，因此，总体看来，木聚糖酶有维持面团安定性、增加面团体积和黏度以及改善面筋的网状结构的作用。

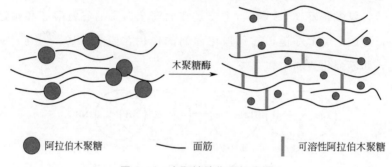

图 3-11　木聚糖酶作用机理图

（6）脂肪酶：在烘焙产品中应用的主要有三种脂肪酶，即甘油三酯脂肪酶、磷脂酶、半乳糖脂肪酶，这三种脂肪酶中，甘油三酯脂肪酶和磷脂酶在烘焙中的应用较多；主要作用包括①强筋，能增加面包的体积；脂肪酶把面粉中含有的油脂进行分解，甘油三酯脂肪酶把非极性的甘油三酯分解为单/双甘油酯，磷脂酶把极性的卵磷脂和半乳糖脂分解为溶血卵磷脂和单/双半乳糖甘油酯，这种分解能形成更强极性和亲水结构，能与水和谷蛋白更好地结合，形成更强的面筋网络，同时，极性的油脂具有增加烘焙产品体积的作用，其作用机理如图 3-12。② 改善面包芯的组织结构，使之细腻柔软，能增加面包的保鲜期；脂肪酶分解产生酯/脂类物质，起到乳化剂增加面包柔软度的作用，这也是替代或减少乳化剂的一个方向；甘油三酯脂肪酶水解脂肪形成甘油能与淀粉结合形成复合物，延缓淀粉的老化。

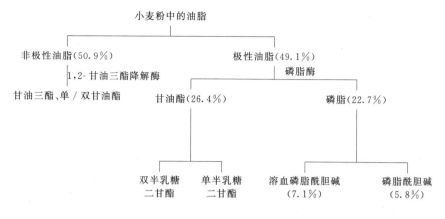

图 3-12　脂肪酶强筋作用机理图

三、改良剂与各因素之间的关系

1. 原料与改良剂的使用关系

（1）面粉。①新面粉，增加氧化剂，减少酶制剂；②面筋含量过多，稍增加还原剂；③面筋过硬，使用还原剂、酶制剂，减少氧化剂；④面粉等级过低，稍增氧化剂；⑤需漂白的面粉，稍增加氧化剂。

（2）脱脂奶粉多的面团。使用酸性改良剂、酶制剂，增加氧化剂。

（3）砂糖多的面团。可增加混合型改良剂用量。

（4）水质。生产面包一般用硬水要比软水好，改良剂最早就是调节水质用的，水质与改良剂使用的关系如表 3-6 所示。

表 3-6　水质与改良剂使用的关系

水质	改良剂类型	改良剂使用量	其它特别措施
酸性 软水	标准型	普通量	加食盐，水太软则加 $CaSO_4$
pH<7 中硬水	标准型	普通量	
pH<7 硬水	标准型	稍减量	严重时加麦芽粉或麦芽糖浆
中性 软水	标准型	稍加量	
pH 7~8 中硬水	标准型	普通量	
pH 7~8 硬水	标准型	稍减量	中种面团中加麦芽粉
pH 7~8 软水	酸性或标准型	稍加量	加 $Ca(HPO_4)_2$，严重时加 $Ca_3(PO_4)_2$
pH>8 中硬水	酸性	普通量	
pH>8 硬水	酸性	稍减量	加麦芽粉，严重时加醋酸、乳酸

2. 加工时间、发酵时间与改良剂的使用关系

要缩短发酵时间、加快加工进度，则增加使用量，反之则减少使用量。

3. 机械化程度与改良剂的使用关系

手工操作时，使用量可以减少，在使用机械时，为了使面团机械加工性好，可稍增加酶制剂、还原剂。

4. 温度与改良剂的使用关系

室温太低，面团冰凉时，可增加改良剂用量；室温过高时，则减少用量。

5. 产品品质与改良剂的使用关系

要使产品体积增大，可加大用量；要使色泽好，可增加酶制剂；要使风味好，可使用酶制剂；要使外观显得丰满，则增加氧化剂。

6. 品种与改良剂的使用关系

品种不同，改良剂的用量与配方也不同。

第十节 乳 化 剂

能促使两种互不相溶的液体（如油和水）形成稳定乳浊液的物质称为乳化剂，又称为表面活性剂。添加于食品后可显著降低油水两相界面张力，使互不相溶的油（疏水性物质）和水（亲水性物质）形成稳定乳浊液，如图 3-13。

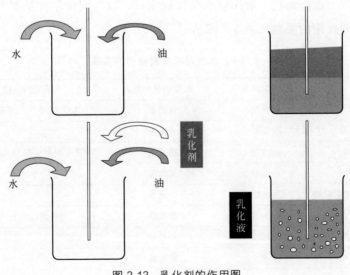

图 3-13　乳化剂的作用图

乳化剂主要分为离子型和非离子型。离子型的乳化剂主要指阴离子型，在水溶液中能够电离形成带负电荷的有机界面活性离子，比如硬脂酰乳酸钠（SSL）和硬脂酰乳酸钙（CSL）。非离子型乳化剂在水中不电离，溶于水时，疏水基和亲水基在同一分子上，分别起到亲油和亲水的作用，如甘油脂肪酸酯和乙酰酒石酸单双甘油酯（DATEM）。

亲油性和亲水性的平衡十分重要，称为亲水亲油平衡值，简称 HLB 值，HLB 值低表示乳化剂的亲油性强，易形成油包水（W/O）型体系；HLB 值高表示乳化剂的亲水性强，易形成水包油（O/W）型体系，如表 3-7。

表 3-7　乳化剂的不同 HLB 值及其作用

HLB 值	适用性	作用
1.5～3	消泡剂	消泡作用
3.5～6	水/油型乳化剂	乳化作用(W/O)
7～8	润滑剂	润湿作用
9～12	油/水型乳化剂	乳化作用(O/W)
13～15	洗涤剂（渗透剂）	去污作用
15～18	溶化剂	增溶作用

一、乳化剂与食品成分的作用机理

1. 乳化剂与碳水化合物的作用

直链淀粉在水中形成 α-螺旋结构，内部有疏水作用，乳化剂的疏水基进入 α-螺旋结构内，并利用疏水键与之结合，形成复合物或络合物。这样可以避免直链淀粉链与链之间发生结晶作用。由于烘焙食品的老化主要是直链淀粉引起的，所以乳化剂是抑制淀粉老化的最理想物质，乳化剂能与直链淀粉形成不溶性复合物，以使不再重新结晶发生老化，并能在一定程度上阻止水分散失，从而保持烘焙食品的疏松柔软，延长贮存期，如图 3-14。不同乳化剂与直链淀粉复合能力强弱如表 3-8。

表 3-8　乳化剂与直链淀粉的复合能力（ACI 值）

乳化剂	ACI 值	乳化剂	ACI 值
单(双)甘油脂肪酸酯	92	三聚甘油单硬脂酸酯(PGE)	34
卵磷脂	16	蔗糖单硬脂酸酯(SE)	26
双乙酰酒石酸单(双)甘油酯(DATEM)	49	硬脂酰乳酸钠(SSL)	72
丙二醇单硬脂酸酯(PGMS)	15	硬脂酰乳酸钙(CSL)	75

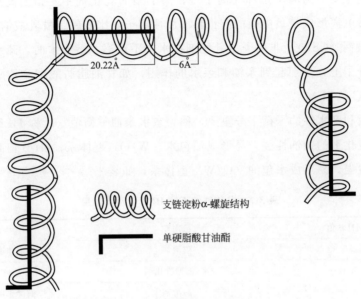

支链淀粉α-螺旋结构

单硬脂酸甘油酯

图 3-14　乳化剂的作用机理图

2. 乳化剂与蛋白质的相互作用

乳化剂可以通过疏水作用、氢键结合和静电结合三种方式与蛋白质作用，结合程度与蛋白质结构特征、侧链的极性、乳化剂的种类以及是否带电荷和体系的 pH 等有关。乳化剂与蛋白质相互作用形成的化合物属于脂蛋白，在食品加工特别是在焙烤食品中，利用蛋白质与乳化剂的相互作用和结合来改善食品的加工性能，以提高食品的品质。各种乳化剂与蛋白质的相互作用强度如表 3-9。

表 3-9　各种乳化剂与蛋白质的相互作用强度

乳化剂	与蛋白质相互作用强度
单甘油脂肪酸酯（DMG）	15
乳酸脂肪酸甘油酯（LACTEM）	20
柠檬酸单甘酯（CITREM）	20
双乙酰酒石酸单（双）甘油酯（DATEM）	100
硬脂酰乳酸钠、钙（SSL/CSL）	95

3. 乳化剂与脂类化合物的相互作用

在有水时，脂类与乳化剂相互作用，形成稳定的乳化液；在无水时，一些趋向于 α-晶型的亲油性乳化剂具有变晶性质，可与油脂作用，调节油脂的晶型。

▌ 二、乳化剂在烘焙制品中的应用

在面包制作中，使用乳化剂一般包括单（双）硬脂酸甘油酯（GMS）、双乙酰酒石酸单（双）甘油酯（DATEM）和硬脂酰乳酸钠、钙（SSL、CSL）。一方面，与面筋蛋白结合，其亲水键与麦醇溶蛋白的分子相结合，疏水键与麦谷蛋白分子相结合，从而强化面筋网络结构，使得面团保气性得以改善，同时也可增加面团对机械碰撞及发酵温度变化的耐受性，同时，可在面筋与淀粉之间形成光滑薄膜层结构，此结构给予面筋一个良好的束缚，并使得面团黏度下降，从而增加面筋蛋白质网的延展性，使产品更加柔软而易于成型，以硬脂酰乳酸钠（钙）的效果最为理想；另一方面，与淀粉结合，作为面团面芯软化剂，延长烘焙产品的柔软度及可口性。

在饼干制品中，使用乳化剂一般包括单（双）硬脂酸甘油酯（GMS）、双乙酰酒石酸单（双）甘油酯（DATEM）和硬脂酰乳酸钠、钙（SSL、CSL）。主要作用为方便生产和改善饮食属性。

在蛋糕制品中，使用乳化剂一般包括单（双）硬脂酸甘油酯（GMS）、乙酰化单（双）甘油脂肪酸酯（ACETEM）、乳酸脂肪酸甘油酯（LACTEM）和三聚甘油单硬脂酸酯（PGE）。通过影响蛋糕中存在的气泡数量和提高充气性，增大体积。

在甜品（慕斯）中，使用乳化剂一般包括单（双）硬脂酸甘油酯（GMS）、乙酰化单（双）甘油脂肪酸酯（ACETEM）、乳酸脂肪酸甘油酯（LACTEM）和三聚甘油单硬脂酸酯（PGE）。乳化剂不仅可以结合气泡，提供一个高度稳定的空气结构，而且也会提高滑腻的口感。

第四章
冷冻烘焙产品的分类

第一节　酵母发酵产品

酵母发酵产品主要指含有酵母的冷冻面团或面包，又称冷冻面团（包），可以分为以下几类。

一、低油、低糖冷冻面团或面包

低油、低糖冷冻面团或面包主要指欧法类面包，共分为五种工艺流程：①空白面团类，一般在工厂搓圆即可，到门店后需要二次成型为橄榄、长条等形状；②预成型类，在工厂已完成成型，到门店后只需要解冻，表面简单装饰后即可进入最终发酵和烘烤；③预发酵类，在工厂已完成成型和发酵，到门店只需要解冻，简单装饰和烘烤；④预烘烤类，在工厂已完成成型、发酵和预烘烤，到门店后只需要解冻和简单复烤；⑤全烘烤类，在工厂已完成成型、发酵和烘烤，到店后只需要解冻和复热。具体工艺流程如图4-1。

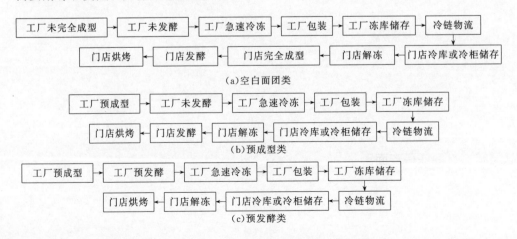

(a)空白面团类

(b)预成型类

(c)预发酵类

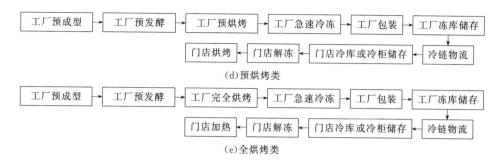

（d）预烘烤类

（e）全烘烤类

图 4-1 低油、低糖类工艺流程图

二、高油、高糖冷冻面团或面包

高油、高糖冷冻面团或面包主要指冷冻甜面团、多拿滋等，共分为四种工艺流程：①空白面团类；②预成型类；③预发酵类；④全烘烤（油炸）类。具体工艺流程如图 4-2。

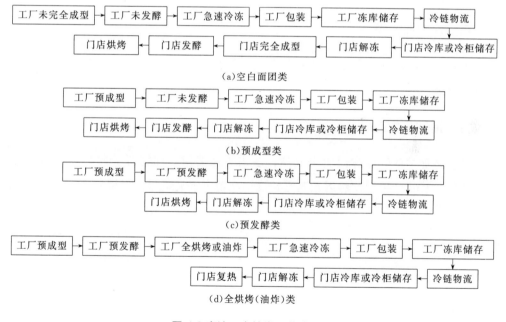

（a）空白面团类

（b）预成型类

（c）预发酵类

（d）全烘烤（油炸）类

图 4-2 高油、高糖类工艺流程图

三、冷冻丹麦面团

冷冻丹麦面团，共分为四种工艺流程，与高油、高糖发酵面包描述完全一致，不再赘述。

第二节　非酵母及化学膨松产品

非酵母及化学膨松产品主要分为以下几类：

一、冷冻蛋糕类

包括多种类型的冷冻成品或半成品，多用于马芬类产品、慕斯类、芝士类蛋糕及蛋糕坯半成品。

二、冷冻奶油泡芙类

包括冷冻半成品或冷冻成品，冷冻半成品通常以面坯直接速冻，客户拿到面坯后解冻和烘烤。冷冻成品通常是加工注馅完成的成品经过速冻，客户拿到成品解冻后冷藏售卖。

三、冷冻曲奇类

主要指挤注成型后需要切割的曲奇，该类曲奇需要经过冷冻冻硬之后再进行切割和烘烤。

四、冷冻丹麦起酥及酥饼类

包括多种类型的冷冻面团半成品，多用于老婆饼、榴梿酥等起酥类产品，通常以块状、片状、预切片状以及其它预设形状销售（夹馅或无夹馅）。

第五章
冷冻面团的制作技术

第一节　冷冻面团的概述

所谓"冷冻面团"，可以从"广义"和"狭义"两个角度对其进行定义。广义上，是指所有以面粉为主要原料，经过机器或人工揉制加工之后，再经过急速冷冻而制成的冷冻半成品。

狭义上，是指使用面包生产技术，在 15～18℃ 环境下制作而成的预成型（或未完全成型）、预发酵（或未发酵）面团，一方面，经过急速冷冻设备，使面团的中心温度在 30min 之内快速穿过冰晶带降到－10℃ 之后（包装间环境在 5～10℃，并能快速完成包装进入冷冻库储存，如果没有这个环境温度，建议在速冻设备内速冻至中心温度到－18～－15℃），再将包装后的冷冻面团置于冷冻库，使面团中心温度继续降到－18℃，然后，通过冷冻车经过冷链物流，将冷冻面团运输到店面（饼店或酒店等）储存，最后再完成后续的解冻、成型、发酵、烘烤等一系列工艺流程。或者是先在工厂进行预烘烤或者完全烘烤，然后，再经过急速冷冻设备，使面包的中心温度在 30min 内快速穿过冰晶带而降到－10℃ 之后，将包装后的冷冻面包置于冷冻库，使面包中心温度继续降到－18℃，再用冷冻车经过冷链物流将冷冻面包运输到店面（饼店或酒店等）储存，最后再完成后续的解冻、烘烤或加热等一系列工艺流程。

冷冻面团制作技术是国际上发展起来的烘焙食品加工新技术，它是利用食品的冷冻原理来处理面团成品或半成品，然后将面团冷冻储藏备用。国外主要将其应用于面包，而且已经非常成熟，而在我国，冷冻面团是大家都看好的发展趋势，在面点生产方面随着冷链的改善得到一定程度的发展。但基于冷链成本及转运等因素，在冻藏和冷链运输的过程中，仍然存在温度的波动，致使冷冻面团在解冻发酵后出现膨胀性差、成品老化快等现象，从而导致品质变差，很大程度上限制了冷冻面团的广泛使用。

第二节　冷冻面团的原辅料及其相应作用

冷冻面团的基本原料其种类与常温面包几乎是完全一致的，只是因为两者之间具体生产制作工艺有所不同，而对某些原料的特性要求不同而已。从类别上而言，基本原料有：面粉、糖、油脂、鸡蛋、乳制品、酵母、盐、改良剂、水等。与常温面包一样，这每种原料在其生产制作过程中都起着特定的作用，而且，不同原料的特性、成分以及用量，都会对冷冻面团制作出来的成品的外形、口感、颜色等品质造成不同的影响。

一、面粉

面粉是制作冷冻面团最重要的原材料，其作用如下。

（1）面粉中的蛋白质含量和质量是影响面团加工品质的重要因素，麦谷蛋白决定了面团的弹性，麦醇溶蛋白决定了面团的延展性。

（2）面粉在加工过程中产生的破损淀粉在淀粉酶的作用下，被分解成各种糖，可供酵母生产和发酵时利用而产生充分的 CO_2，使面团形成无数的孔洞。

（3）面粉中的游离糖，不仅是酵母的糖源，还是烘焙食品的色、香、味形成的基质。

（4）面粉中的水溶性戊聚糖，能使面包体积增大，气泡更均匀，面包瓤弹性更好。

（5）面粉中的纤维素有利于肠胃蠕动，能促进营养成分的吸收和体内有毒物质的排出。

二、糖

糖是制作冷冻面团不可或缺的一种重要原材料，其作用如下。

（1）给酵母提供能源（当糖的含量为 4%～8% 时，糖可以促进发酵，但当糖的含量超过 8% 时，酵母的发酵作用反而会受到抑制）；

（2）对面包表皮颜色有促进作用；

（3）增加面包风味；

（4）增加面包柔软度；

（5）提供产能物质；

（6）抗氧化作用。

三、油脂

冷冻面团用的油脂，最具代表性的就是奶油、酥油、麦琪淋，其作用如下。

（1）充气性：可使面包的体积增大；

（2）可塑性：可使面团具有良好的延展性；

（3）乳化分散性：可使面包体积更大，质地更柔软；

（4）起酥性：可使面包酥脆；

（5）稳定性：可增加面包产品的货架期。

四、鸡蛋

鸡蛋也是冷冻面团生产制作中的重要原料，其作用如下。

（1）增加产品的营养价值；

（2）增加产品的香味，改善产品的口感及滋味；

（3）增加产品的金黄颜色；

（4）作为黏结剂，可结合其它各种原材料；

（5）作为膨松剂，可以让产品更膨松、柔软；

（6）作为乳化剂，可以使面团更光滑、细腻、柔软、酥松；

（7）改善产品的储藏性，延缓产品的老化。

五、乳制品

乳制品也是冷冻面团生产制作的重要原料，其作用如下。

（1）提供风味和滋味；

（2）提供糖的营养价值；

（3）有助于面团的发酵；

（4）增强面包表面色泽；

（5）增强面团的搅拌耐性；

（6）增强面筋的强度；

（7）改善面包的组织；

（8）延缓面包软化。

六、酵母

酵母是冷冻面团生产制作的不可缺少的重要原料，并且，因为冷冻面团工艺里有不可缺少的速冻及冻藏环节，部分酵母会不可避免的死亡，为确保冷冻面包在使用过程中仍有好的膨发性，用量一般为常温面包酵母用量的2倍，如面粉量的4.5%～6%（鲜酵母），其主要作用如下。

（1）产生 CO_2，使面团体积膨大；

（2）软化面筋，使面团体积易于膨大；

（3）增加面包风味。

七、盐

盐是冷冻面团制作的基本要素原料之一，虽用量少，但不可缺少，其作用如下。

（1）增加面包风味；

（2）增强面筋筋力；

（3）改善面包的内部颜色；

（4）调节发酵速度；

（5）影响面团调制时间。

八、改良剂

改良剂也是冷冻面团制作的重要原料之一，其作用如下。

（1）钙盐：可调整和改善水质（硬度和 pH），增强面筋，增加面包体积，提供酵母营养，促进发酵；

（2）铵盐：可提供酵母营养，促进发酵，调节面团 pH；

（3）还原剂：可增强面团的延伸性，缩短发酵时间，改善面团加工性能、面包色泽、组织结构，抑制产品老化；

（4）氧化剂：可增强面团保气性，增强面筋，减少面筋的分解与破坏；

（5）酶制剂：淀粉酶可提供酵母营养，使面包体积膨大；增加剩余糖量，使面包在烘焙时着色；增加面团的延伸性，使面包体积膨大而组织细腻，可延缓老化；蛋白酶可增加面团的延展性，改善面团的颗粒度及组织结构；脂氧合酶，可以促使面包内部更加洁白，同时使面包产生类似核桃、花生之类的香味。

九、水

水是冷冻面团制作与生产的重要原料，其用量仅次于面粉。水在冷冻面团中的作用如下。

(1) 水化作用：形成面筋网络，构成面团骨架；

(2) 溶剂作用：可以溶解各种干性原材料，使之充分混合；

(3) 调节和控制面团的黏稠度；

(4) 调节和控制面团的温度（冰水、冷水、热水）；

(5) 帮助生物反应：一切生物活动均需在水溶液中进行；

(6) 延长产品的保质期；

(7) 可作为产品中的传热介质。

第三节 冷冻面团的生产工艺流程

冷冻面团共分为三大类，即：低油低糖类冷冻面团、高油高糖类冷冻面团、丹麦类冷冻面团。本节将分别对这三种冷冻面团的生产制作工艺流程进行详细介绍。

一、低油低糖类冷冻面团（欧法类面团）

所谓低油低糖类冷冻面团，主要是指用于生产制作各种欧法类面包的面团，种类非常多。不同的冷冻面团，其使用的原材料、生产工艺，也有所不同，即使是同一种冷冻面团，用户不同其生产工艺也会有不同。

（一）生产工艺

对于低油低糖类冷冻面团的生产与制作，共有五种不同的工艺，但是由于冷冻面团的终端用户又分为工厂和门店，所以，就衍生出了共十种不同的工艺流程，下面就一一进行介绍。

1. 终端用户为门店

① 第一种工艺：欧法类面包原材料成分比较简单，为有好的口感和风味，现有饼店特别是一些主打欧类产品的饼店，会在配方中加入一些酵种，如鲁邦种、隔夜冷藏种、法国老面等，种面里酵母已经活化，不适于速冻及长时间冷链储存，

所以此工艺下生产出的面团不能像其它类冷冻面团一样储存 2 个月甚至 6 个月以上，一般到店后 2～3 天使用完，最佳的方式当然是直接在门店现场制作。

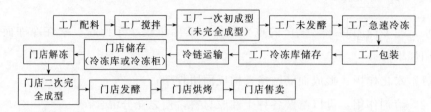

② 第二种工艺：与第一种工艺相比，不同点在于面包在工厂制作过程中就实现了预成型（完全成型），经过急速冷冻，发到门店之后，在烘烤之前不需要再成型，除此之外，其它的工序以及每道工序的操作方式、作业标准、生产环境条件要求与第一种工艺都是一致的。这种工艺国内比较少有。

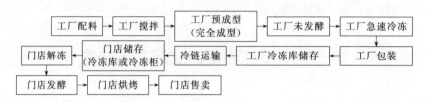

③ 第三种工艺：与第二种工艺相比，只有一个不同点，那就是面团在工厂完全成型之后，先行发酵，经急速冷冻之后，发货到门店使用，门店在解冻之后烘烤之前，无须进行发酵。这种工艺国外已经运用的比较广泛，因为冷冻面团无须在门店成型、发酵，这就大大节省了门店的操作人员及作业时间，既降低了成本，又可快速实现分分钟出炉，保证面包的新鲜度。但是这种工艺下，产品的体积相对第一种工艺来说，会相对小一些。

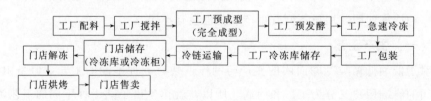

④ 第四种工艺：与第三种工艺相比，只有一个不同点，那就是面团在工厂预发酵之后，先行在工厂进行一次预烘烤（烘烤至七八成熟），经过急速冷冻、包装等一系列工序之后发货到门店，门店在解冻之后，只需要短暂地烘烤，将面包烘烤至完全成熟即可。这种工艺，国外已经运用的比较广泛，对门店或商超而言，更加方便、快捷，对烘烤师傅的技术水平要求更低，更有利于缓解门店烘烤技师

招聘难的问题。

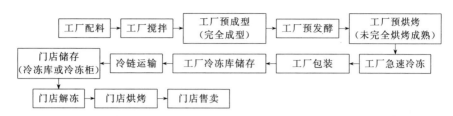

⑤ 第五种工艺：与第四种工艺相比，也只有一个不同点，那就是面团在工厂发酵之后，直接在工厂实行完全烘烤，即完全烘烤成熟，经急速冷冻之后，发货到门店暂存，待需要时，只需取出加热即可食用。这种工艺，对门店而言，是最快捷的，对烘焙师傅的技术水平要求最低，在国外商超运用的比较广泛。

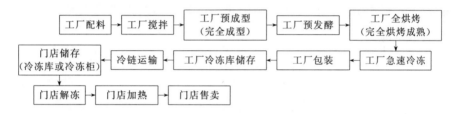

2. 终端用户为工厂

① 第一种工艺：对于欧法类面包而言，由于保质期短，几乎不采用这种生产工艺。

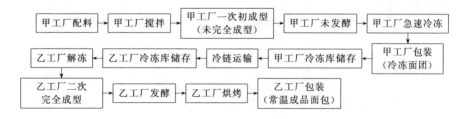

② 第二种工艺：与第一种工艺相比，不同点在于面团在甲工厂就完全成型，在乙工厂发酵、烘烤之前不需要再成型，除此之外，其它工序均与第一种工艺相同。

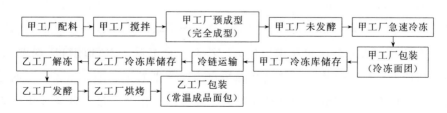

③ 第三种工艺：与第二种工艺相比，不同点在于面团在甲工厂就已经预发酵，在乙工厂只需解冻之后，就可以直接烘烤，除此之外，其它工序均与第二种工艺相同。

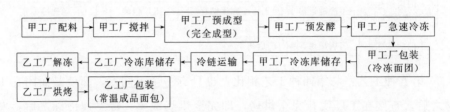

④ 第四种工艺：与第三种工艺相比，不同点在于面团在甲工厂发酵之后，先行预烘烤一次，但并不完全烘烤成熟，一般烘烤至七八成熟即可，再通过急速冷冻之后，送货到乙工厂，在乙工厂只需再解冻以及短暂地烘烤至完全成熟之后，即可实行成品包装。

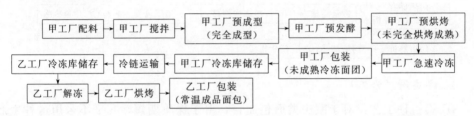

⑤ 第五种工艺：与第四种工艺相比，有两个明显的区别，一是面团在甲工厂时即完全烘烤成熟，之后再急速冷冻；二是乙工厂需要使用时，只需取出已完全烘烤成熟的冷冻面包，解冻之后即可实行成品包装。

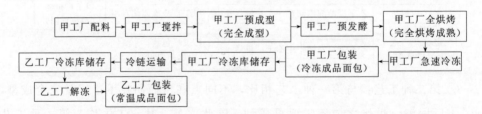

小结：以上内容专门针对低油低糖类冷冻面团的两种不同类型客户的十种生产工艺流程进行了详细的解析，无论采用哪种工艺，都在于各自的选择，只是由于欧法类面包"少油少糖"这一特性，以及国内消费者大多喜欢"有油有糖"的面包，换言之，欧法类面包在国内作为"小众"产品除一些个体饼店现做现卖，连锁饼店的工厂在国内常见工艺是终端用户为门店里的①、②种工艺。下面笔者再针对这十种生产工艺流程的每道工序的作业方式、作业校准、环境要求等方面

进行阐述。

（二）作业标准

1. 配料工序

（1）车间配料区的生产环境温度：（18±2）℃。

（2）原料的处理要点：冷冻面团的品质及保质期很大程度上与酵母活力有关，让酵母在面团的整个制作过程中尽可能少的活化是至关重要的，所以，管理规范、标准严格的工厂，冷冻面团所用的酵母除了相对于常温面包制作来说用量要加倍之外，为了防止鲜酵母在速冻前活化，从鲜酵母的储藏、取出暂存、配料称重以及到投料前的暂存等各环节必须全程处于冷藏环境；更重要的是，一定要保证鲜酵母的新鲜度，即在距离生产日期的 15 天内使用完为最佳，最差也不要超过生产日期的 21 天。

冷冻面团所用面粉的储存也有一定特殊性。一般来说，面粉的存储环境要求通风、常温 25℃ 即可，但为了制作出品质稳定的冷冻面团，维持稳定低温的出缸温度是关键，特别是选用立式离缸搅拌机搅拌面团，对面粉的温度控制更为严格。所以，可以依据不同企业要求，面粉存储温度需达到 18℃ 甚至更低。

（3）两种配料方式：①人工配料的方式，完全由人工将每种原料逐一称量完成，并将可以事先混合的原料混装于一个容器；②自动化配料的方式，由自动化配料系统一次性自动称量、自动混合。

2. 搅拌工序

（1）车间搅拌区的生产环境温度：18℃。

（2）搅拌投料顺序：冷冻面团的搅拌一般选用带有夹层冷却循环介质的卧式搅拌机，常用的搅拌方法为直接法，即除油脂和盐外的所有成分一次性加入，油脂一般选择在面筋扩展阶段加入，因为盐是抑制酵母发酵的，所以，一般来说，盐需要在搅拌后期加入。目前冷冻发酵产品面团也有使用隔夜冷藏种和汤种的，这部分种面团一般是在主面团搅拌第一阶段完成之后，即水分与面粉充分水合完成后投入，其它原料的投料过程与直接法一致。当然，有种面的冷冻半成品，存储保质期会受到一定影响。

（3）搅拌方式：①半自动搅拌方式，如果是离缸式搅拌机，搅拌完成之后，由人工推着可移动式缸体进入中种发酵室（中种发酵法的种面团）或到达与面团成型机配套的举缸机处（中种发酵法的主面团或直接发酵法的主面团），由举缸机自动将面缸举起，并将面团卸入面团成型机的料斗之中；如果是卧式搅拌机，搅拌完成之后，面团由搅拌机面缸自动将面团卸至正下方的空面缸中，再由人工推着可移动式缸体进入中种发酵室（中种发酵法的种面团）或到达与面团成型机配套的举缸机处（中种发酵法的主面团或直接发酵法的主面团），由举缸机自动将面缸举起，并将面团卸入面团成型机的料斗之中。②全自动搅拌方式，只适用于离缸式搅拌机或活底式搅拌机。搅拌完成之后，如果是离缸式搅拌机，则其缸体通过轨道自动平移至中种发酵区（中种发酵法的种面团）或自动平移到与面团成型机配套的举缸机处（中种发酵法的主面团或直接发酵法的主面团），由举缸机自动将面缸举起，并将面团卸入面团成型机的料斗之中；如果是活底式搅拌机，则搅拌完成后，面团自动从活底面缸掉至自动输送带上，并通过输送带自动输送至面团成型机的料斗之中。做长保质期的冷冻面团，在搅拌完成之后，一般不需要基础醒发，一般直接进入分割成型阶段。

（4）面团搅拌时间：面团搅拌时间必须要控制恰当，如果搅拌时间过短，则面筋组织结构形成不完全，如果搅拌时间过长，则会产生热量，促进发酵。一般而言，直接法的甜面团在 20min 左右，直接法的丹麦类面团在 12min 左右。在面团制作阶段，酵母发生活化，在速冻过程中会受到冻伤而死亡，因而在面团搅拌阶段发酵的发生率应该降到最低。优质小麦可制作出高蛋白含量的面粉，其制作出的冷冻面团品质也会更稳定，而这种面粉却需要更长时间地搅拌，这导致更多的发酵。因此，面团制作温度的稳定控制是比较困难但也是非常重要的。

（5）面团搅拌工序的重要性：在加工初期，搅拌只是将面粉、油脂、酵母、水和盐等原材料混匀。搅拌完成的面团有着典型的流变学性质，面团的结构和筋度主要取决于水合面筋蛋白，一般称之为面筋，在搅拌过程中面筋蛋白的交联作用产生面团的黏弹性。在冷冻面团的制作过程中，搅拌工序是非常重要的，因为面筋就是在这道工序形成的。速冻面团的面筋需要充分形成，也必须有着最佳的流变学性质，如面团延伸性和弹性。

对搅拌过程中面筋形成的研究是了解冻伤以及研究改善方法的主要途径。在面团的搅拌过程中，醇溶蛋白和麦谷蛋白与水结合，然后相互作用形成面筋。面筋形成更大的紧密结合的网络并展现出特有的流变学性质。除了蛋白质相互作用之外，油脂、淀粉、非淀粉碳水化合物、盐和糖等物质也会融入面筋当中。在搅拌完成的面团中，面团的黏弹性主要是面筋蛋白黏附淀粉小颗粒的结果。面筋的流变学性质取决于相互作用的分子性质和形成面筋聚合物的键的类型。面筋网络强弱归因于化学键的多少和强度，以及网络结构的分子重量和分子重量分布。面粉类型和面筋是面粉分子特性的两个重要的决定因素。

面团在速冻和冷冻储藏过程中发生的物理、化学反应是冰晶的形成与含酵母面团间相互作用的结果。冰晶的形成会对面团的次级键和酵母产生物理破坏。次级键的减少可能会改变蛋白质分子的构象结构而损坏其功能性质；酵母释放的一些物质与其周围的面筋蛋白相互作用，会破坏面筋的化学键。在制作冷冻面团时，可以通过恰当的生产手段和化学添加剂从技术上将这些影响降低。这些优化调整可以让面团结构最大限度地结合水分，并且在解冻过程中能够恢复。此外，一些乳化剂与面筋蛋白结合也可以稳定面筋结构，还可以添加氧化剂形成面筋二硫键，尽管物理变化并不是完全可逆的，但是从烘烤的结果来看，在最佳的制作条件下，冷冻面团的性质经过冷冻保存之后再解冻还是能恢复的。

3. 成型工序

(1) 车间成型区的生产环境温度：(18 ± 2)℃。

(2) 成型过程：面团经过分割、成型为需要的形状。成型过程改变了气孔细胞的结构，使小细胞聚集成大细胞，形成最终的面筋网络。

(3) 面团成型时间：为尽可能减少酵母的活化，一般要求进入成型阶段的面团要尽快完成成型进入速冻，最好要求 30min 之内，这里对于冷冻面团制作工艺的设计提出了要求，不可设计过于繁复的成型过程，特别是纯手工成型的产品，若没有严格的制程控制，经常会遇到面团发酵和入炉急胀不稳定的问题。

(4) 面团成型方式：①纯手工成型，指整个成型工序完全依靠人工完成；②手工＋设备成型，指整个成型工序中，设备完成一部分，人工完成一部分；③全自动设备成型，指整个成型工序全部由设备完成。

4. 急速冷冻工序

(1) 急速冷冻库库内温度：$-40\sim-38$℃。

(2) 面团急速冷冻的时间：$20\sim60$min，依据面团大小不同，速冻的时间也有所不同；速冻完成的衡量依据为中心温度达到-18℃。

(3) 急速冷冻的方式：①插盘式急速冷冻，指将满载面团的烤盘放置于急速冷柜之中进行速冻的方式；②车架式急速冷冻，指将满载烤盘（烤盘中摆满面团）的车架推入急速冷柜之中进行速冻的方式；③全自动螺旋式急速冷冻，指将面团通过输送带自动输入急速冷冻塔进行速冻的方式。

(4) 急速冷冻的基本要求：为确保快速穿过最大冰晶生产带，面团重量值不可过大，一般不超过300g。速冻终点：一般中心温度达到－10℃以下，然后进入冻库继续降温至－22～－18℃。

冷冻面团在成型后直接进行速冻然后放到冷冻库存储，面团经急速冷冻让酵母处于休眠状态，在全程冷链温度及运输稳定的情况下，冷冻面团长时间存储可以得到保障。急速冷冻中，鼓风和板式冷冻机的应用最为广泛，一般其库内温度可以达到－40～－38℃。在急速冷冻过程中，面团由外向中心冷冻，当面团中心温度达到－10℃时，在绝大部分自由水冻结的状态下，热传导性最好，这种情况下，面团冰晶已经基本形成，可出库进入包装阶段。这里要重点说明的是，如果冷冻面团的包装间温度超过了10℃，且冷冻面团在包装间这样的环境温度下滞留时间达到10min以上的话，要求延长速冻时间至面团中心温度达到更低，比如－18℃，以防止包装过程中的温度上升使面团出现小冰晶解冻的现象。当然，如果冷冻面团在急速冷冻－38℃的环境下停留时间过长，则不仅损伤面团中的酵母，而且也会使面团表面过度失水，此外，还浪费能源。所以冷冻面团包装间的环境温度要求在5～10℃之间。

5. 内、外包装工序

（1）车间包装区的生产环境温度：5～10℃。

（2）内包装要求：通常情况下，冷冻面团的内包装材料（薄膜类）有聚乙烯、聚丙烯、聚乙烯与玻璃纸复合及聚乙烯与聚酯复合、聚乙烯与尼龙复合等。那么，对冷冻面团所使用的薄膜包装材料的具体要求包括①耐低温性：在－30～－18℃时必须维持弹性；②移味性：包装材料的气味不能转移至面团上；③低透气性：因为冷冻面团的保质期长，一般可达3～6个月，那么冷冻面团在这么长时间的流通过程中，会因反复转运、储藏而导致塑料包装材料老化，透气性提高，所以，需要使用添加了防氧化剂的塑料包装；④热封口性：易热封，并有限制的密封强度；⑤透明性：必须能透过塑料包装，清晰地看见包装中的面团。

（3）外包装要求：外包装材料有瓦楞纸箱、耐水瓦楞纸箱等。瓦楞纸箱是两个衬里之间以多层结构的纸板组成瓦楞介质，主要是为了增强硬度和减震作用；从利于存储和运输的角度来说，瓦楞纸箱越厚越好，但是纸箱厚度越厚，成本也会相应提高，综合考虑，一般选择五层双瓦楞纸板。

6. 工厂冷冻储藏工序

（1）工厂冷冻库内温度：－20～－18℃。

（2）工厂冷冻库储藏要求：冷冻面团在冷冻库内储藏主要有两个目的，一是在经过速冻之后，中心温度在－10℃的面团继续降温至中心温度－18℃；二是用于库存。那么，在储藏阶段，特别需要注意的就是要确保冷冻库内温度的稳定性。如果温度反复波动，则冷冻面团的冰晶容易出现反复解冻-再冷冻的过程，使小冰晶聚集成大冰晶，刺破面筋与酵母细胞，从而降低冷冻面团的品质。

7. 冷链运输工序

（1）冷链运输车内的温度：－22～－20℃。

（2）对冷链运输车的基本配置要求：为了确保冷链运输车全开放制冷功能，需要在每台车的车厢内配置自动测温仪，自动测温仪与电脑连接，将温度数据导入电脑，就可以通过温度变化的曲线，实时监测车厢内的温度是否严格达标。

8. 门店冷冻储藏工序

（1）门店冷冻柜或冷冻库温度：－22～－20℃。

（2）对门店冷冻柜或冷冻库的要求：如果门店是冷冻库，则建议最好采用冷藏库套冷冻库，以减少因频繁进出冷库而造成的温度上升；如果门店是冷冻柜，则最好是采用小包装，以减少开关冷柜的次数，从而降低温度上升的风险。

9. 门店解冻工序

通常情况下，国内烘焙企业对冷冻面团的解冻方式有两种①常温解冻：冷冻面团中心温度为－18℃，如果冷冻面团放置于常温条件下解冻，则面团表面会先解冻，但面团中心温度却回温很慢，有可能会出现面团表面已经开始发酵时，面团中心尚处于解冻过程，导致面团表面与中心的解冻与发酵过程不同步，特别是大面团，受到的影响会更加明显，比如成品最终会出现口感、形状与体积不达标；冷冻面团在常温下解冻时间一般为0.5～1h，大面团可能达到1～2h，判断面团解冻完全的硬性标准为其中心温度达到16℃，只有这样，才可以进行二次成型或进入最终发酵工序；②冷藏解冻：将冷冻面团放置于0～5℃的冷藏库中解冻，则面团表面回温，解冻的速度会大幅减慢，但却可基本保持面团表面与中心同步解冻、回温与发酵，从而不影响后续的烘烤工艺与产品品质，因此采用冷藏解冻方式的产品品质会更好。通俗地说，饼店里可以下班前将第二天要使用的冷冻半成品放置在冷藏柜或冷藏模式下的发酵箱，冷藏解冻后，第二天早上上班之后，可直接取出二次成型或最终发酵烘烤。

10. 门店二次完全成型工序

（1）门店现烤间的生产环境温度：25℃。

（2）二次完全成型的方式：以纯手工为主。

11. 门店最终发酵工序

（1）发酵箱温度：38℃，其中丹麦类32℃。

（2）发酵箱湿度：85％，其中丹麦类75％。

（3）发酵时间与发酵终点：面团最终发酵是酵母将面粉中的破损淀粉和糖分解，产生二氧化碳和乙醇，二氧化碳气体会被面筋包裹，形成均匀细小的气孔，使面团膨胀起来。判断发酵完成的标准是面团体积膨胀至原来的两倍，如果是带模具的吐司，则判断发酵完成的标准可以是面团的上表面与模具距离，具体值因不同产品的膨发力强弱以及用什么样的烤炉烘烤而定，一般来说，膨发力强的，比如鸡蛋含量比较高的吐司，发酵至5成（450g的吐司模具，距离模具口4.5～5cm）即可；膨发力弱的，比如表面有肉松、椰蓉酱等装饰物或含馅丹麦类吐司等，可发酵至9成（450g模具，距离模具口1cm）甚至满模再进行烘烤。层炉或隧道炉烘烤的话，发酵程度相对转炉烘烤来说要小一些，即面团表面距离模具口值要大一些。不带盖吐司，可发酵至7成，距离模具口3～3.5cm。也可以用手指轻轻按压面团，如果指印周围的面团既不反弹也不塌陷，则说明面团已完全发酵。

12. 烘烤与老化

（1）烘烤：烘烤的温度与常规面包无异，不同面包品类、不同品牌烤炉以及不同类型烤炉（层炉、隧道炉或转炉），烘烤时间不一样。一般来说，小面包（甜面包）类，烘烤温度195℃/215℃，时间12min左右；1200g带盖吐司类，烘烤温度220℃/220℃，时间38min左右；1200g不带盖吐司类，烘烤温度165℃/220℃，时间35min左右。

烘烤过程中，可以观察面团入炉急胀性来判断冷冻面团的品质，可以在烘烤时间达到3/4时，观察炉内产品的上色情况，以调整烘烤时间或温度。基于面团烘烤时会发生一系列物理、化学和生物化学变化，包括体积增大、水分蒸发、气孔结构的形成、蛋白质变性、淀粉糊化、面包皮形成和美拉德反应、蛋白质交叉相连、油脂融化并附着在气孔外表、气孔破裂等变化，最终成品外观及口感品质与烘烤有很大的关系，所以面包的制作，前段在掌握好温度、时间之后，烘烤也是要重点抓的工序。

（2）老化：饼店现烤类面包为保证新鲜、好吃的口感，一般只坚持售卖当天的产品，主要原因就是，现烤作为吸引客流的产品，新鲜的口感是必须要有的，而面包出炉冷却后，就已经开始了老化，特别是过1天或2天未密封包装的现烤面包，口感和当天面包相比会明显下降。

面包老化时会发生很多的物理、化学变化，比如组织变化、水分迁移、淀粉结晶和结构交联。随着食品科学和仪器技术的不断进步，对于面包老化的主要原因及应对办法的了解也更加深入。一般可以通过加入一些乳化剂，使用蜂蜜等保湿性强的原料，使用汤种、中种或隔夜冷藏种等发酵种，这些方式有些可以帮助提升面团的保水能力，有些可以帮助面包内部减少自由水，有些帮助面包持有一定减弱水分蒸发速度的能力。不管哪种方式，目的就是用来有效延缓面包老化，维持面包湿润的口感。

13. 陈列与销售

（1）陈列：现烤面包分分钟出炉，热气腾腾、香气扑鼻，无疑早已成为各大烘焙店吸引顾客的秘密武器，有烘焙界的"品牌杀手"之称，金灿灿的各式现烤面包，陈列在店内醒目的位置，如果单品数足够多，量足够大，也极大地增强了顾客的体验感。如果是像欧洲面包店一样的裸卖的方式陈列，相信视觉效果会更好。

（2）销售：打开现烤间，让顾客亲眼见证面包制作的每个步骤，拉近顾客与面包的距离，让面包的制作在普通消费者面前不那么神秘。分分钟出炉之后，顾客可以优先试吃，只要产品够好吃，销售便是水到渠成了，所以现烤师傅的技术水平就显得尤其重要了。

笔者曾经做过大量的实地研究，得出一个结论，那就是即使是一个品质优异的冷冻面团，在门店能否烤出一个好吃的面包，完全取决于现烤师傅的技术水平，以及他是否能严格执行各项制作标准的工作态度。技术水平体现在成型以及微调节烘烤温度及时间等环节；执行各项制作标准的态度体现在：是否每天每个产品都严格执行解冻、发酵、烘烤等关键工序的时间、温度标准。

但现烤实际情况却是：①烘焙店的现烤师傅流动性大、招聘难，要培养、留住一个能干满意的现烤师傅很难，很多企业的现烤师傅工作满一年的就不多，满两年的几乎没有；②每个现烤师傅每天都要烤大量的面包，所以很难保证烤每个面包时都能不折不扣地严格遵守每道工序、每个标准；③很多企业的作息时间制定不合理，我们都知道，做一个面包从头到尾就需要那么多时间，如果现烤师傅每天早上 6：00 上班，但公司规定第一批面包必须在 7：30 或 8：00 之前出炉，那他只能缩短解冻、发酵、烘烤这三个工序的时间，很显然，这样烤出来的面包肯定是不好吃的；④更有甚者，还有一些比较随意的操作，比如现烤师傅从冷柜中取出一袋冷冻面团，放置在常温下的现烤间操作台上，一段时间后发现取多了，不管面团是否解冻都直接取出需要的量，将剩余的重新放回冷柜，这种反复解冻、冷冻过的冷冻面团也是不能烤出一个好吃的面包的。

二、高油高糖类冷冻面团（甜面团、多拿滋面团）

所谓高油高糖类冷冻面团，主要是指用于生产制作各类日式甜面包以及多拿滋面包的面团。与低油低糖类冷冻面团一样，其种类也非常多，但不同的冷冻面团，其使用的原材料、生产工艺也有所不同，而且，即使是同一种冷冻面团用户不同，其生产工艺也会有所不同。

（一）生产工艺

经过研究，对于高油高糖类冷冻面团的生产与制作，共有四种不同的工艺，但是由于冷冻面团的终端用户又分为工厂和门店，这样一来，就衍生出了八种不同的工艺流程，下面就一一进行介绍。

1. 终端用户为门店

① 第一种工艺：这种工艺，在目前国内烘焙行业中运用的较为普遍，绝大多数基本上都是将在工厂未经发酵的空白面团急速冷冻之后发到门店，门店在需要时，从冷冻柜里取出，解冻之后，还需要成型、最终发酵，然后再烘烤，很显然，这种工艺对烘焙技师的水平要求较高，这就给人员招聘带来了一定的难度，而且，面团在门店加工的工序较多，工艺较为复杂，耗时也较长，特别是遇到销售高峰时，恐怕时间上会来不及烘烤，以致无法满足供应，最终因断货而造成销售和利润的损失。

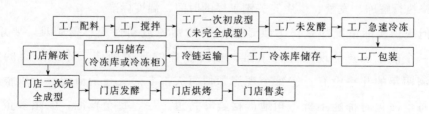

② 第二种工艺：这种工艺，与第一种工艺相比，不同点是冷冻面团事先在

工厂已经完全成型，经过急速冷冻，送货到门店后，在门店需要时，只需经过解冻、表面简单装饰之后，进行最终发酵、烘烤，而不需要再花时间成型，可以看出，这个工艺，对门店的烘烤技师的技术水平要求已大幅降低，作业时间也大幅减少。

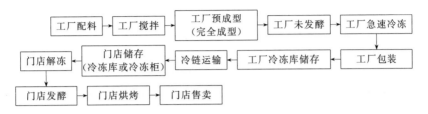

③ 第三种工艺：这种工艺，与第二种工艺相比，不同点是冷冻面团事先在工厂进行预成型、充分发酵之后，经过急速冷冻，送货到门店储存，在门店需要时，从冷柜取出解冻之后，就可以直接烘烤，而不需要再花时间成型、发酵，很显然，这个工艺，对门店的烘烤技师的技术水平要求更低，作业时间也更少。

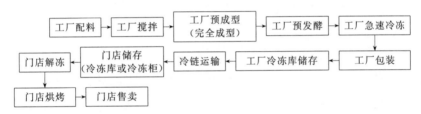

④ 第四种工艺：这种工艺，与第三种工艺相比，也只有一点不同，那就是，冷冻面团事先在工厂完全烘烤成熟，在经过急速冷冻之后，通过冷链物流送货到门店，门店只需解冻之后，简单加热一下，即可售卖，很显然，这个工艺，对门店的烘烤技师的技术要求最低，作业时间也最少，可真正实现分分钟出炉。

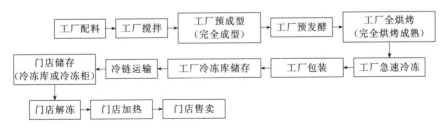

2. **终端用户为工厂**

① 第一种工艺：这种工艺，在目前国内烘焙行业，对跨区域发展、品牌较多、连锁门店较多的企业而言，运用的较为广泛，因为可以大幅减少分支机构和子品牌公司烘焙中央工厂的厂房与设备投资。

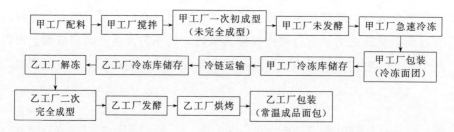

② 第二种工艺：这种工艺，与第一种工艺相比，不同点是，冷冻面团要在甲工厂完全成型，经过急速冷冻、包装之后，送货到乙工厂，在乙工厂使用时，只需要解冻、发酵之后即可烘烤，而不需要对冷冻面团再进行成型，这样可以为乙工厂大幅节省作业人员和作业时间。

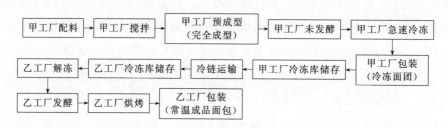

③ 第三种工艺：这种工艺，与第二种工艺相比，不同点是，冷冻面团需要先在甲工厂发酵完毕，经急速冷冻、包装之后，送货到乙工厂，在乙工厂使用时，只需要解冻之后，即可烘烤，而省去了成型、发酵等工艺环节，可以大幅节省乙工厂的作业人员和作业时间。

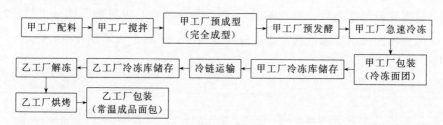

④ 第四种工艺：这种工艺，与第三种工艺，不同点是，先在甲工厂进行完全烘烤，经急速冷冻、包装之后，送货到乙工厂，乙工厂在需要时，只需要从冷冻库中取出，解冻之后，进行短时间复烤或加热，即可进行包装。可以看出，这种工艺，为乙工厂更大幅度地节省了大量的作业人员及作业时间，既降低了成本，又提高了效率。

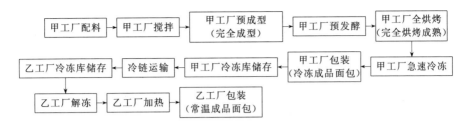

总结：以上内容专门针对高油高糖类的冷冻面团的两种不同类型的终端客户的八种生产工艺流程进行了详细解析，可以看出，产品类型不同，其工艺流程也有所不同。高油高糖类面包（甜面团类）是综合性饼店现烤柜里占比最大的品类，空白面团（第一种工艺），即由饼店现烤间的师傅二次成型、最终发酵和烘烤，是目前连锁门店比较常见的方式。当然，从操作简便和门店人力成本的角度来说，预成型（第二种工艺）和预发酵类（第三种工艺）冷冻面团会更受欢迎，但成品品质有一定牺牲，特别是长条形面包，口感不柔软、易断裂且容易发干、成品体积相对较小等，这主要是因为面团经过速冻，特别是存储一段时间（比如21天）之后，出现面团内水分发生迁移与升华、酵母发生死亡、面筋断裂等现象，而第一种工艺，面团经过在门店解冻并二次成型等工序，新面筋重新形成，入炉急胀性得到改善，成品表面更光滑，有效避开了第二、三种工艺的弊端。而多拿滋类，如甜甜圈，因其制作工艺相对复杂，手工制作效率低，而设备制作专一性强，投资效益不高，所以一般第四种工艺最常用。

（二）作业标准

可以看出，高油高糖类冷冻面团的八种生产工艺流程的每道工序的作业方式、作业校准、环境要求等与低油低糖类冷冻面团基本一致，这里就不再赘述了。

三、丹麦类冷冻面团（丹麦酥、牛角包面团）

所谓丹麦面团，又称为含酵母裹油类面团，口感酥脆，层次分明，奶香味浓，面包质地松软，主要有各种丹麦面包，丹麦吐司及牛角包等。

（一）生产工艺

经研究，对于丹麦类冷冻面团的生产与制作，共有四种不同的工艺，但是由于冷冻面团的终端用户又分为工厂和门店，所以就衍生出了共八种不同的工艺流程，下面就一一进行介绍。

1. 终端用户为门店

① 第一种工艺：工厂裹油工序，如果是全自动化设备，则生产包括自动挤油、

包油、折叠等流程；如果是半自动化设备，则生产包括人工铺油、人工包油、人工折叠、机器压延等流程。工厂一次成型，指的是在工厂未完全成型，生产工作包括擀薄、折叠、分割等，需要到门店解冻之后完成最终成型。

目前在国内烘焙行业，大部分企业制造工厂的自动化程度较低、冷冻面团技术还很不成熟、运用还很不普遍，所以基本都是采用这种生产工艺，而且绝大部分生产方式为纯手工或手工＋小单机设备的半自动化，还有部分企业，甚至制造出来的是冷藏面团（冷藏面团指的是，生产条件受限，面团在制作过程中酵母不可避免有一定程度活化，而且成型好的面团放在冷冻柜或速冻柜冻硬再转入门店使用，这样做出来的面团只能使用 2～3 天，不是真正意义上的冷冻面团，所以称之为冷藏面团），没有办法在工厂实现自动包油、自动完全成型等工序的制作。

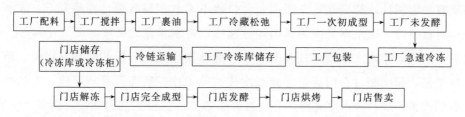

② 第二种工艺：这种工艺，与第一种工艺相比，不同点是，冷冻面团在工厂实现完全预成型，然后在工厂不发酵的情况下，经过急速冷冻、包装等相关工序的制作，再发货到门店，门店在需要时，取出冷冻面团，只需解冻、发酵之后即可烘烤，实现分分钟出炉，而不需要在门店实施成型。这就降低了对门店烘焙技师的技术要求和难度，也为门店的作业节省了时间，最终为门店节省了成本，提高了工作效率。

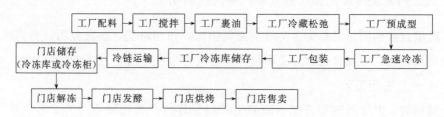

③ 第三种工艺：这种工艺与第二种工艺相比，不同点是，冷冻面团在工厂完全成型之后，先行在工厂发酵，再经急速冷冻、包装等一系列工序之后，发货到门店，门店在需要时取出，只需要经短暂地解冻之后，即可烘烤，实现分分钟出炉。此工艺在门店不需成型、发酵，这大幅缩减了门店的作业程序和作业时间，

一方面对门店烘焙技师的技术要求大幅降低，可解决招人难的瓶颈，另一方面，提高了作业效率，降低了门店的运营成本。但是这种工艺，有一定技术难度，在国内还没有实现。在欧洲，也主要应用在可颂、牛角类产品上。

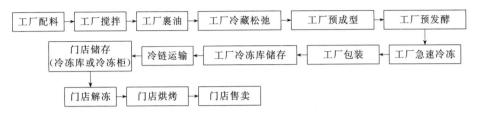

④ 第四种工艺：这种工艺，与第三种工艺相比，不同点是冷冻面团在工厂完成成型、发酵工序之后，直接烘烤成熟，再经急速冷冻、包装工艺等相关工序，然后送货到门店，门店在需要时取出，只需短暂地加热即可售卖。这种工艺，最大限度地缩减了门店的作业程序、作业难度和作业时间，一方面可真正解决门店技师招工难、培训难的问题，另一方面，也最大限度地降低了运营成本，这种工艺比较适合生产规模大、自动化程度高、连锁门店多的企业。

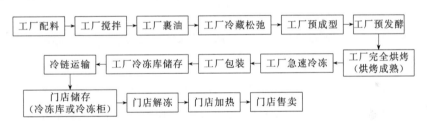

2. 终端用户为工厂

① 第一种工艺：目前，在国内烘焙行业，这种工艺非常适合那些跨区域发展、工厂为1＋N型工厂模式（"1"为一家主要的核心中央工厂＋"N"为若干家小型卫星工厂）、连锁门店数较多的大中型企业集团，核心自动化工厂将批量生产的冷冻面团配送给其它卫星工厂使用，这样，在一定阶段，可大幅减少其它子公司的小型卫星工厂在厂房建设、设备采购、人力资源等各方面的投资，同时，也可大幅提高核心中央工厂的生产效率，降低产品的生产成本。

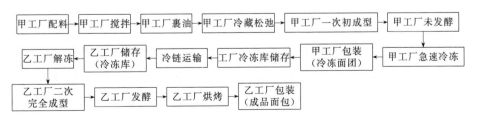

② 第二种工艺：这种工艺，与第一种工艺相比，不同点是，冷冻面团在甲工厂就实现完全预成型，然后在不发酵的情况下，再经过急速冷冻、包装等相关工序，发货到乙工厂，乙工厂在需要时，从冷冻库中取出冷冻面团，解冻、发酵之后，即可烘烤，实现分分钟出炉，而不需要在乙工厂进行成型，这在一定程度上缩减了乙工厂的作业程序及作业时间，提升了乙工厂的作业效率。这一工艺应用比较普遍，也是行业客户比较期望的形式，特别是一些个体饼店，对于预成型类的丹麦冷冻面团需要是非常高的，因为制作丹麦面团，手工工艺较为复杂，包出层次分明的丹麦类产品对于现烤间师傅的技术水平要求又相对比较高，而且对于制作环境要求也比较高，在丹麦类面团需求不是很多的情况下，做这方面的人力、物力投资是很不划算的，但是外采预成型半成品，却能很好解决这方面痛点。

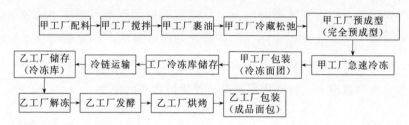

③ 第三种工艺：这种工艺，与第二种工艺相比，不同点是，冷冻面团在甲工厂就实现了完全成型、预发酵，再经过急速冷冻、包装等相关工序制作后，发货到乙工厂，乙工厂在需要时，取出冷冻面团，只需解冻之后即可烘烤，而不需要在乙工厂再次成型、发酵，这很大限度地缩减了乙工厂的作业程序及作业时间，并提升了乙工厂的作业效率。这种工艺因为技术难点还没有攻克，在国内应用不多。

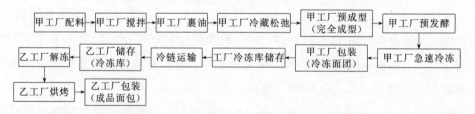

④ 第四种工艺：这种工艺，与第三种工艺相比，不同点就是，冷冻面团在甲工厂完成成型、发酵之后，直接烘烤成熟，再经急速冷冻、包装工序，然后发货到乙工厂，乙工厂在需要时取出，只需短暂的加热之后，即可包装。这种工艺，最大限度地缩减了乙工厂的作业程序及作业时间，极大地提升了乙工厂的生产效率，这种工艺，比较适合国内那些跨区域发展、工厂为1＋N型工厂模式（"1"为一家主要的核心中央工厂＋"N"为若干家小型卫星工厂）、连锁门店数较多的大中型企业集团，核心

自动化工厂将批量生产的烘烤成熟的冷冻面包配送至卫星工厂，这样可减少小型工厂，在厂房建设、设备采购等各方面的投资，同时可大幅降低作业人数以及降低生产成本。这种工艺制作下的产品，口感品质明显有下降，在国内还没有应用。

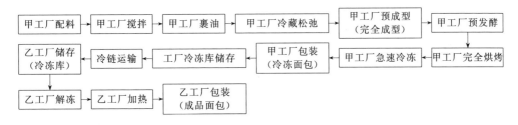

（二）作业标准

1. 配料工序

原料处理：丹麦发酵类面团除了鲜酵母的储存与使用需要注意低温冷藏管控之外，很重要的一点就是黄油回温，即−18℃下储存的油脂通过环境温度的调控，升温到油脂延展性最佳的温度范围。

为了保持黄油具有良好的延展性，制作过程中油层的厚度均匀性，或者黄油能适应自动挤油机的操作，以自动挤油机对于黄油的使用要求为例，黄油在使用前，需要从−18℃的冷冻库转至8~10℃的恒温库中进行回温，在恒温库中摆放的油脂不能紧密堆积，以免造成油块内外侧温度不一致的现象，回温时间一般在1周，回温后的油脂温度一般在8~10℃，这样，回温后的黄油温度与面团温度基本保持一致。面团通过微型滚轮无压力压延成面带，同时油脂通过挤油机挤出来，面温和油温都有一定程度的上升，特别是油脂温度，会上升2~3℃，即油脂温度10~13℃。而根据大量测试数据来看，天然黄油延展性最好的区间温度为10~12℃，而有些人造黄油，在14~16℃时具有最好的延展性。这样来说，丹麦面团出缸温度一般在9~10℃，使用人造黄油的，面团出缸温度可以达到13~14℃。所以说，丹麦面团所用黄油的最佳延展性温度，也从一定程度上决定了丹麦面团的搅拌出缸温度。

2. 裹油工序

（1）车间裹油区的生产环境温度：16~18℃。

（2）裹油时间：30min以内完成。

（3）裹油的作业方式：分为全自动裹油和半自动裹油。①全自动裹油方式包括自动挤油、折叠和压延等动作；②半自动裹油方式包括人工铺油、机器压面和人工折叠等动作。

3. 冷藏松弛工序

（1）车间松弛区的生产环境温度 0～5℃：有的企业为了达到提高生产效率、快速降温的目的，会先将裹完油的面片放置于−18℃的冷冻库内快速降温至 0℃左右时，再将面片转入冷藏库内继续回温至适宜的上机温度。这样做的好处是面块温度能短时间降至需要温度，但也有弊端，主要是生产过程中，管控不严的工厂容易出现面块冻至过硬，过硬的面块直接进行折叠成型，油层发生断裂。

（2）冷藏松弛的时间：这个时间一般需要根据成型线的上机温度、面块的厚度以及工艺的需求而定，一般是1～2h，时间太短，面块松弛不充分，时间太长，面块出现发酵现象。有些产品因为工艺的特殊性可能需要 12h 以上。这一工艺在国外应用较多，长时间松弛，面团有一定发酵，风味更好，只是保质期会有一定影响。

（3）冷藏松弛的方式：①冷藏库松弛，由起酥机人工裹完油或自动裹油线裹完油后，切割成烤盘尺寸大小的面片，装盘，覆盖单片膜，载入车架，推入冷藏库松弛；②全自动输送线松弛，由自动裹油线裹完油后，通过自动输送线将面片或面带自动输送至冷藏松弛塔松弛，按规定时间松弛完毕后，自动将面片或面带输入全自动成型线进行折叠成型。

其它工序与低油低糖欧法类和高油高糖甜面团类一致，此处不再赘述。

第四节　冷冻面团的应用

近年来，冷冻发酵面团在我国的食品、餐饮、零售行业以及在平常百姓家庭生活中的运用日益广泛，比如：烘焙中央工厂、饼屋（连锁或个体户）、餐厅、酒店、商超、政府及企事业单位的食堂以及家庭等场所。本节将详细介绍冷冻面团在多个领域和业态的运用。

1. 烘焙中央工厂

在第五章第三节中详细介绍了不同类别的冷冻面团，发货到其它不同类型的工厂使用时，其它工厂会根据不同的工艺设计来完成后续的产品制作程序，直到制成成品。一般情况下，发送到各烘焙企业中央工厂的冷冻面团，会先储存在工厂的冷冻库里，需要时，从冷冻库中取出，经过解冻、成型（如果面团未完全成型，则还要成型）、发酵（如果面团未发酵，则还需要发酵）、装饰、烘烤（如果是全烘烤冷冻面包，因为已经完全烘烤成熟，则在其它工厂只需解冻、加热即可）、冷却（不含全烘烤冷冻面包）、包装之后，可经冷链物流运输，将成品面包送至饼屋、餐厅、酒店、商超、政府及企事业单位食堂、便利店等地方食用或售卖。

烘焙中央工厂使用冷冻面团的好处：

（1）节省生产场地面积。部分面包产品生产的配料、搅拌这两个工序可以省掉，如果是预成型、预发酵的冷冻面团，到达工厂的冷冻面团在使用时连同成型、发酵工序也可以省掉，所以，可以大幅节省工厂生产场地的面积。

（2）节省面包技师和生产人员。对面包产品生产而言，节省了配料、搅拌、成型，甚至是发酵等工序，也就大幅节省了生产人员，特别是搅拌及成型工序，专业技术性比较强，如果省掉了工序，即可解决专业面包技师缺乏的瓶颈。

（3）降低了中央工厂的生产成本。由于作业工序及作业时间的缩减，直接提升了工厂的整体生产效率，从而降低了生产成本。

2. 连锁饼屋

一般情况下，连锁饼屋都拥有自己的烘焙中央工厂，只是中央工厂的规模与门店数、日订单量和日销售量等有关，门店数多、日订单量大的，中央工厂的规模会大一些，门店数少、日订单量少的中央工厂的规模会小一些。有些企业还建立了自己的冷冻面团生产线，甚至冷冻面团工厂，所以，由自己的烘焙中央工厂或冷冻面团工厂将冷冻面团发送到各个连锁饼店，储存在饼店的冷冻柜或冷冻库里，需要时，从冷冻柜或冷冻库取出，经解冻、成型（如果面团在工厂未完全成型，则在门店还需要成型）、发酵（如果面团在工厂未发酵，则在门店还需要发酵）、装饰、烘烤（如果是全烘烤冷冻面包，因为在工厂已经烘烤至全熟，所以在门店只需解冻，微波加热即可）之后进行售卖。

连锁饼屋使用冷冻面团的好处：

（1）因冷冻面团保质期长，饼屋可一次性备足货源，储存在冷冻柜或冷冻库里，当店内前场货柜上的产品即将售罄时，随时取出，经过简单加工，即可实现分分钟出炉，既有效防止了面包产品缺断货现象的发生，同时又可避免常温袋装面包因订单数量不准、备货过多，卖不完而产生报损（如果没有冷冻面团，门店全部是常温袋装面包，那么就会出现，备货少了则会缺断货，备货多了则卖不完报损）。

（2）因为是现场加工，确保了面包的最新鲜度。

（3）现烤面包的香味可提升店内氛围，增强顾客的体验感。

（4）如果是属于不含酵母的丹麦起酥面团或预成型的冷冻面团，那么在门店加工的工序相对就更简单些，出货效率也更高，所以对门店现烤烘焙技师的技能需求大幅降低，这能很好地解决技师招聘难的瓶颈。

3. 个体饼屋、西餐厅、咖啡厅、茶饮店、披萨店、大型商超

一般情况下，个体饼屋、西餐厅、咖啡店、茶饮店、披萨店、大型商超等这些

实体店铺，既不会建立烘焙中央工厂，更不会建立冷冻面团工厂，甚至连一间小型的面包加工作坊都不太愿意创建。如果仅仅只是为了满足店铺每天对面包类产品的少量订单需求，而去找场地、招面包师、买原料、自己生产制作，那成本和费用就太高了，所以最好的办法就是从其它烘焙中央工厂或冷冻面团工厂采购冷冻面团自行简单加工。个体饼屋、西餐厅、咖啡厅、茶饮店、披萨店、大型商超等店铺，采购回来的冷冻面团先是储存在他们店里的冷冻柜或冷冻库里，需要时，从冷冻柜里或冷冻库里取出，经解冻、成型（如果面团未完全成型，则还需要成型，这种面团比较适用于个体饼屋，对其它类型的店铺，最好是采购完全预成型冷冻面团）、发酵（如果面团未发酵，则还需要发酵）、装饰、烘烤（如果是全烘烤冷冻面包，因为在工厂已经烘烤至全熟，所以在店铺只需解冻，微波加热即可）之后进行售卖。

个体饼屋、西餐厅、咖啡店、茶饮店、披萨店、大型商超等店铺使用冷冻面团，除了前面连锁饼屋的4点好处之外，不具备设置现烤间店铺的条件，到店的冷冻面团最好是属于完全预成型的，这样，店铺无须原料的采购、储存、配料、搅拌与成型等这些工作内容，也就可以大幅节省人员、节省场地，同时对面包烘焙技师的技能水平要求也大幅降低。

4. 高端酒店

一般情况下，高端酒店会为酒店的住客提供免费的中、西式早餐，包括面包等烘焙产品。虽然高端酒店早餐的品种齐全、花样繁多，但酒店早餐对面包等烘焙产品的需求量毕竟不大，如果为了每天早餐的那点需求量而专门聘请面包师傅（一个人不够），同时还要组建一个人数不少的团队，从原料采购、原料储存再到产品的配料、搅拌、成型、发酵、烘烤等各项工作，全部都要酒店自行完成，那就要按照面包制作与加工的流程配备场地、人员与设备。生产场地至少需要 $100m^2$，人员 2~3 人，而设备主要有搅拌、发酵、烘烤、切割等四类。此外，需要重点说明的是，因为面包制作的全过程至少需要 5~6 个小时，而酒店早餐一般从 7：30 开始，也就是说，酒店每天早餐所需供应的面包制作至少要从凌晨 1：30 开始。众所周知，能熟练掌握面包制作全流程技术的人，绝大部分都是有 5 年以上甚至更久面包制作经验的烘焙技师，而想要聘请一位这样级别的高级烘焙技师，要求他一年 365 天每天坚持从凌晨 1：30 开始做面包（从配料一直到完成烘烤，这样才能保证在 7：30 时第一批吃早餐的顾客能吃到新鲜出炉的面包），这个可能性几乎没有。所以基本上，那些给顾客提供早餐，且早餐中包含面包类烘焙食品的高端酒店，可以肯定地说，需要对外采购冷冻面团。

采购回来的冷冻面团储存于酒店的冷冻柜或冷冻库里，接下来的程序就和第三条的情况一致了，这里就不再赘述。

高端酒店使用冷冻面团的好处是：

（1）因冷冻面团的保质期长，酒店可一次性备足货源，储存在冷冻柜或冷冻库里，每天早晨按照需要的量取出，经过简单的加工即可实现分分钟出炉。从解冻、成型（如果面团未完全成型，则还需要成型，不过高端酒店所用的冷冻面团，一般会采购预成型冷冻面团）、发酵（如果面团未发酵，则还需要发酵，高端酒店所用的冷冻面团，少部分产品需要发酵，而大部分产品是不需要发酵的）、装饰到烘烤（如果是预烘烤冷冻面包，则已经烘烤至七八成熟，而全烘烤冷冻面包因为已经烘烤至完全成熟，所以只需加热即可），全过程根据产品的不同，所花的时间从 10min 至 2h 不等。也就是说面包师傅最早只需 5：30 就可以开始制作面包。而且相当一部分不含酵母的起酥类产品及预烘烤或全烘烤欧法类面包，只需简单地解冻、加热或烘烤即可食用，最快 10min，最慢 15min。

（2）因为是每天早上现场加工分分钟出炉，所以确保了面包的新鲜度。

（3）当酒店选择一些预成型或预烘烤甚至全烘烤的半成品或成品时，可以很好解决酒店不想培养面包师傅的痛点。

5. 政府及企事业单位员工食堂

一般情况下，大中型政府企业、事业单位的员工食堂会为本单位员工提供早、中、晚一日三餐，而面包等烘焙类产品主要是满足员工早餐食用的。

单位员工食堂面包类产品的来源有两个，一是食堂向综合性烘焙工厂或专业面包工厂对外采购常温成品袋装面包，二是向专业冷冻面团工厂对外采购冷冻面团。

前面介绍过，高端酒店早餐所供应的面包是给酒店的住客食用的，而单位员工食堂所供应的早餐面包是给单位员工食用的，显然客群不一样，但都是为了解决早餐的问题。单位员工食堂采购回来的冷冻面团储存于食堂的冷冻柜或冷冻库里。接下来的制作程序就和酒店部分的一致了，这里就不再赘述。那么，单位员工食堂使用冷冻面团的好处也与酒店部分相同，在此不再赘述。

6. 家庭烘焙

随着我国烘焙业的快速发展，带动了整个烘焙产业链上下游的共同发展，从烘焙原料的种植与加工、生产设备的研发与制造、产品包装的设计与制作、产品的研发与制造、冷链物流，到市场的推广与销售等各个产业，无不搭上了烘焙业高速发展的快车。伴随着烘焙全产业链的发展，行业从业人数也急剧增多，据保守估计，截至目前，国内食品烘焙行业全产业链从业人数至少 500 万人，由于热衷于烘焙的人数越来越多，因此各类烘焙学校、烘焙教室也如雨后春笋般地不断涌现。

随着全球经济一体化的进程加快，以及我国社会经济的高速发展，国内以各种名义出国前往欧洲、美国、日本、韩国等国家和地区考察、学习、旅游的人数越来越多，他们在接触了西方等经济发达国家的饮食文化、饮食习惯之后，一部分人对西餐和烘焙食品产生了浓厚的兴趣，并逐渐达到喜欢的地步。回到国内，除了在国内各大城市寻找各类特色的西餐厅以外，还经常去各种烘焙店购买自己喜爱的烘焙食品，如面包、蛋糕、点心等。

随着烘焙爱好者越来越多，以致热衷于家庭烘焙的人数也越来越多。但我们可以想象一下：上班族如果要从周一到周日每天早上给家人做一顿烘焙早餐，而且每天不重样，如何实现呢？

众所周知，做面包从配料和面开始，直到烘焙成熟至少需耗时 5～6h，如果是周一至周五，上班族要上班，不可能每天从凌晨一起床就开始制作，如果是周六周日双休在家，虽然不用上班，但如果从早上 5 点钟起床，6 点开始和面，最后面包出炉也差不多已经到了中午十一、十二点了，不仅早餐没吃到，肚子还一直饿到了中午，而且中午是吃正餐的时间，也并不太适合吃面包等食品。所以周末家庭烘焙从一开始的兴致勃勃最终变成了一个索然无味的苦累杂活。

那么，如何才能让家庭烘焙变得既轻松有趣又有成就感呢？购买冷冻面团就是最好的选择。将采购回来的各类冷冻面团储存于家里的冰箱里冷冻起来，接下来的制作程序就和酒店部分的内容一致了，这里就不再赘述。

家庭烘焙使用冷冻面团的好处如下：

（1）因为是每天早上现场烘烤，所以确保了面包是最新鲜的。

（2）因为家庭采购的冷冻面团大多是预成型、预发酵，甚至是预烘烤、全烘烤类或者不含酵母的丹麦起酥类，所以家庭烘焙省去了配料、和面、成型等环节，甚至有的冷冻面团连发酵工序也省了，这既节省了时间，又大幅降低了家庭烘焙的技术难度和门槛，使得家庭烘焙越来越盛行。

冷冻面团的运用除了涵盖上述六个领域或行业以外，还有诸如大型连锁便利店、大型休闲零食连锁店等类型的实体店未来也会在必要时在店内设立烘焙现烤车间，并通过采购不同种类的冷冻面团，实现在店内销售分分钟出炉的新鲜现烤面包的目标。

第五节　冷冻面团的制作设备与生产线

冷冻发酵面团类产品的生产与制作设备共分为 13 类，分别是：原物料输送类、配料类、搅拌类、提升类、裹油类、挤油类、成型类、发酵类、油炸类、烘烤类、急速冷冻类、包装类、检测类。

1. 原物料输送类

其指的是全自动原物料输送系统，由罐体、检重秤和控制系统组成，如图5-1。目前比较常见的是面粉、砂糖、蛋液等通过输送系统定量输送至搅拌机内。

图 5-1 原物料输送系统

2. 配料类

其指的是全自动配料系统，主要用于奶粉、盐、改良剂等小料的称重与初混，如图5-2。

图 5-2 全自动配料系统

3. 搅拌类

根据自动化程度可以分为：单体搅拌机、全自动搅拌系统。

（1）单体搅拌机：又分为离缸式搅拌机（图5-3）和卧式搅拌机（图5-4）。两类搅拌机在冷冻面团工厂里都有使用，但为更好控制面团出缸温度，冷冻面团类产品的搅拌机优选卧式搅拌机。

（2）全自动搅拌系统，又称为活底式搅拌机，如图5-5，面团搅拌完成后，面团直接从缸底落至缸下面的输送带上，然后再输送至自动包油线或成型生产线的面斗内，实现连续化地搅拌。

图 5-3　离缸式搅拌机

图 5-4　卧式搅拌机

图 5-5　全自动搅拌系统

4. 提升类

其主要是指举缸机，如图 5-6，是能自动将面缸提升和降落的设备，一般配合成型线使用。

图 5-6　举缸机

5. 裹油类

根据自动化程度可以分为：起酥压面机和全自动包油线。

（1）起酥压面机：需要人工辅助包油与折层，如图 5-7。

图 5-7　起酥压面机

（2）全自动包油线：指的是丹麦面团全自动包油线，如图 5-8，最好搭配挤油机，实现自动挤油、自动包油与折层。

图 5-8　丹麦面团全自动包油线

6. 挤油类

其指的是全自动挤油机，如图5-9，一般与自动包油生产线搭配使用。

图5-9　全自动挤油机

7. 成型类

根据自动化程度可以分为：单体成型机、全自动成型线。

（1）单体成型机：指的是专门用于生产某一个或某一类产品的单体成型设备，前后段动作需要人工完成或人工转运。比如，甜面团分割滚圆一体机、牛角面团成型机。

① 甜面团分割滚圆一体机，如图5-10，一般能实现30～100g面团的分割与搓圆，面团重量误差在2g以内。

图5-10　传统式甜面团成型线

② 牛角面团成型机，如图5-11，一般与起酥压面机搭配使用，压面机完成包油折层并压延至需要厚度和宽度后，再人工将面片卷起放入牛角成型机上，进行切割搓卷成牛角。

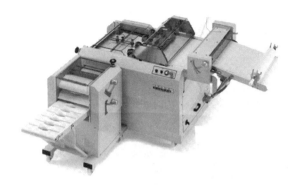

图 5-11　牛角面团成型机

（2）全自动成型线

全自动成型线又分为：全自动甜面团成型线和全自动丹麦面团成型线。

① 全自动甜面团成型线，又称为面带式甜面团成型线，如图 5-12，以成型长条或方形面块为主。

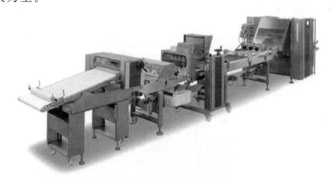

图 5-12　面带式甜面团成型线

② 全自动丹麦面团成型线，主要是进行丹麦面团的折叠层次与成型，也可以注馅，通过配备注馅机和丰富的刀具可以生产多种预成型丹麦类面团，如图 5-13。

图 5-13　全自动丹麦面团成型线

③ 全自动甜甜圈成型线，一般是专一的生产线，成型完成之后，直接与网兜式发酵箱、连续式油炸炉连接，如图5-14。

图 5-14　全自动甜甜圈成型线

8. 发酵类

根据自动化程度不同，可以分为：插盘式发酵箱、台车式发酵箱、全自动连续发酵室。

（1）插盘式发酵箱，产能比较小，如图5-15，一般在门店或研发室使用较多。

图 5-15　插盘式发酵箱

（2）台车式发酵箱，如图5-16，一般在小型工厂使用比较多。中型工厂里使用较多的是发酵房，台车直接放于含有湿蒸汽的房间内，这个房间一般以具有隔热功能的库板做成。

（3）全自动连续发酵室，包括螺旋式和垂直式连续自动发酵室，如图 5-17、5-18，实现连续化生产，一般在大型工厂使用比较多。

图 5-16 台车式发酵箱

图 5-17 螺旋式连续自动发酵室

(a) 烤盘式　　　　　　　　　　　(b) 网格式

图 5-18 垂直式连续自动发酵室

9. 油炸类

油炸类设备有单体油炸炉，也有连续油炸线，如图 5-19，实现自动进料、油炸、翻面、滤油连续操作。

图 5-19　连续油炸线

10. 烘烤类

根据产品种类及产量的大小将烤炉分为层炉、旋转炉、隧道炉，如图 5-20。

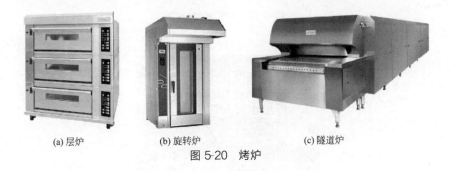

(a) 层炉　　　　　(b) 旋转炉　　　　　(c) 隧道炉

图 5-20　烤炉

11. 急速冷冻类

根据产量的大小将急速冷冻设备，分为插盘式急速冷冻柜、台车式急速冷冻柜、全自动连续式急速冷冻库。

（1）插盘式急速冷冻柜，如图 5-21，以实验室和小型工厂使用较多。

图 5-21　插盘式急速冷冻柜

（2）台车式急速冷冻柜，如图 5-22，以中小型工厂使用较多。

图 5-22　台车式急速冷冻柜

（3）全自动连续式急速冷冻库。根据形式的不同，又可分为：隧道式急速冷冻库、螺旋式急速冷冻塔、垂直式急速冷冻塔。

①急速冷冻隧道，如图 5-23。

图 5-23　急速冷冻隧道

② 螺旋式急速冷冻塔，如图 5-24。

图 5-24　螺旋式急速冷冻塔

③ 垂直式急速冷冻塔，如图 5-25。

图 5-25　垂直式急速冷冻塔

12. 包装类

冷冻面团包装类设备可以分为：内包装设备和外包装设备。

（1）内包装设备：主要包括全自动包装系统和单体半自动包装机。全自动包装系统集异物检测、计数装袋、叠箱、装箱、称重、封箱、码垛等功能于一体，如图 5-26。装袋部分，若是粒状，如圆形甜面团、牛角包等，可以选用立式包装机，如图 5-27；若是异形、长方块或方块状等适宜堆叠的面团，并且采用小包装，如方形丹麦片大理石等，可以选用枕式包装机，如图 5-28。当然，若是不适宜用机器实现的，只能靠人工来包装。

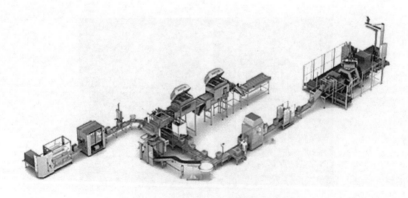

图 5-26　全自动冷冻面团包装系统

图 5-27　立式包装机

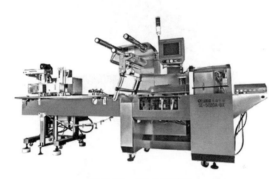

图 5-28　枕式包装机

（2）外包装设备：指的是全自动装箱系统，包括自动叠箱、自动装箱、自动封箱、自动码垛四个部分，如图 5-29～图 5-32。

图 5-29　自动叠箱机

图 5-30　自动装箱机

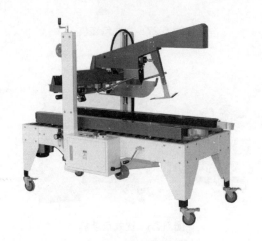

图 5-31　自动封箱机

图 5-32　自动码垛机

13. 检测类

其主要指的是异物检测仪：根据所能检测的异物种类，可分为金属检测仪（图 5-33）和 X 射线检测仪（图 5-34）。

图 5-33　金属检测仪

图 5-34　X 射线检测仪

第六章
冷冻蛋糕/甜点的制作技术

第一节　冷冻蛋糕/甜点的概述

一、冷冻蛋糕/甜品的定义

　　蛋糕、甜点起源于欧洲，近年来在中国发展迅速，我国在借鉴西方先进经验的基础上，逐渐形成了种类、花色、形状各异的蛋糕模式。同时，随着我国年轻一代的生活方式逐渐西化，大米和中式面制品的食用量逐渐降低，这使得蛋糕、甜点开始打破生日蛋糕的局限，逐渐走进广大消费者的日常生活，其市场前景非常乐观，销售量也呈逐年上升的趋势。我国虽然在制作技术、成品质量、花色品种、生产规模等方面，与国外一些国家相比还有很大差距。但近年来，我国蛋糕产品制作与加工，无论是在加工工艺，还是生产品种方面都有了较大发展与进步，这使得国内蛋糕产品消费也日趋成熟。

　　目前，蛋糕的种类根据原料及工艺的不同，分为海绵蛋糕、戚风蛋糕、天使蛋糕、重油蛋糕、奶酪蛋糕、慕斯蛋糕等，另外，还有冰淇淋蛋糕、纸杯蛋糕等种类。据调查，蛋糕、甜点是可以令人放松心情的一种食品，很多人在烦恼时都有选择吃蛋糕或甜点的习惯，利用这份甜蜜的味道来掩盖各种烦恼。它凭借独特的西式风格以及各式各样的品种，逐渐受到了广大消费者的热爱追捧，成为饮食行业的又一道亮丽的风景线。

　　蛋糕具有营养丰富、松软、艺术性等特点，虽然其销量仅次于面包，但蛋糕却有着更高的利润，所以努力提升蛋糕类产品的销售与利润，一直是各烘焙企业要重点思考与突破的事情。安全、美味与健康一直是烘焙企业开发蛋糕新产品所需考虑的最主要因素，虽然现做蛋糕的货架期为1~3天，但即使在货架期内的现做蛋糕，在储存过程中也会发生一系列的物理与化学变化，比如：由于水分从内部向外部迁移，随后散失到周围空气中，最终导致产品出现部分湿润、部分干燥现象；淀粉回生导致内芯变硬、风味改变、产品收缩；以及某些微生物生长所导致的产品霉变等品质劣变现象，这无疑会进一步缩短产品的货架寿命等。

蛋糕的货架寿命取决于其配方、加工、包装、水分活度及储存条件，高水分蛋糕在常温储存过程中货架期一般只有 2～3 天，影响蛋糕货架寿命的因素主要有以下几种。

（1）物理因素。蛋糕在储存过程中的稳定性体现在跟新鲜度有关的物理与感官特性，如柔软度、压缩率、湿度以及蛋糕的老化，其中影响最显著的是蛋糕的老化。蛋糕老化是一个复杂现象，其机理并不能由某单一因素解释，包括支链淀粉回生、无定形聚合物重组、水分的散失及无定形与晶体区域的水分重分布等，直接导致两个重要现象的发生：外表的湿润与内芯的硬化。外表湿润主要是由于内芯与外壳之间的水分活度差异使得水分从内部向外迁移，而内芯硬化则比较复杂，大多数研究者认为淀粉回生是老化（以硬度表示）的重要因素，其中支链淀粉重结晶为主要原因，但是淀粉重结晶并不等同于以硬度定义的老化。蛋糕硬度变化主要受水分迁移和淀粉回生双重影响，当支链淀粉回生发生时，水分子被晶体态吸收及水分从面筋向淀粉或支链淀粉转移，进而改变面筋网络的性质；另外由于水对内芯网络的可塑性影响使得产品内芯硬化，也影响淀粉的分子序列。另外蛋糕老化还受到温度、包装的影响，与面包在 1～4℃温度下的老化速率最快这一点不同的是，蛋糕在 20～27℃条件下反而比 1～4℃温度下的老化速率更快，在冷冻条件下，蛋糕的老化速率更慢。另外包装的水分通透性也影响蛋糕的老化速率，高通透性的包装增加了蛋糕的老化速率。

（2）化学因素。包括氧化酸败、水解败坏及褐变。蛋糕在储存过程中容易被空气中氧气氧化，饱和脂肪酸氧化产生自由基，进而产生恶臭的醛、酮及小分子脂肪酸，不仅发出刺鼻的哈喇味，而且破坏其维生素及蛋白质等营养成分，这对于一些高脂肪含量的蛋糕尤为显著。蛋白质在含水量增大时可能水解，产生具有腥臊味的水解产物；另外受糖化酶、其它酶作用会引起糖分解产生酒味。

（3）微生物因素。蛋糕在制作与储藏过程中会因微生物侵袭和滋生而发生霉变与腐败，其中霉变是主要现象，Aw（水分活度）是影响蛋糕是否受微生物侵害的重要因素。隔离微生物生长都需要一定的 Aw（水分活度），只有当食物的水分活度大于某一临界值时，特定的微生物才能生长，一般来说，大多数细菌为 0.94～0.99，大多数霉菌为 0.8～0.94，大多数耐盐菌为 0.75，当水分活度低于

0.6时，绝大多数微生物无法生长。大多数霉菌在水分活度0.8以下时无法生长，如含水量大的戚风蛋糕中，$Aw > 0.90$，非常适合霉菌的繁殖。此时霉菌的生长还受季节、加工方法、空气污染、储藏环境及包装等条件影响。蛋糕腐败主要是由于蛋糕受到细菌中的马铃薯杆菌侵袭繁殖而引起，细菌的作用易导致蛋白质和淀粉降解、产品颜色变化及产品变黏等。

目前关于延长蛋糕货架期的研究与措施比较多，传统的方法主要集中在调理产品的配方等方面，包括：油脂、糖的类型及其添加量等；防腐剂、预胶凝淀粉、抗性淀粉、分离蛋白、亲水胶体、乳化剂及脂肪酶等添加剂的使用；充气、脱氧及可食性膜等包装的应用。近年来，随着新技术的发展及人们对于产品方便、快速的要求，不断研究新的技术与方法用于延长蛋糕的货架期，主要体现在蛋糕产品的制作手段上。比如，快速蒸发冷却技术（真空冷却），它是对新鲜出炉的蛋糕进行冷却处理，真空冷却至终温为20℃，冷却终压为1800Pa与水分添加量5%时能够最大程度保持蛋糕的品质，且在总体感官上与自然冷却无差异，此方法的优点能够使蛋糕快速通过适宜微生物繁殖的温度区间从而避免在自然冷却下发生微生物污染的问题。

因为蛋糕/甜点的货架期短，一方面制约了行业的发展，另一方面也给企业造成了资源的浪费与经济上的损失。于是冷冻蛋糕便应运而生。

冷冻蛋糕，顾名思义就是经过冷冻的蛋糕，是指在工艺配方中加入一些乳化剂、胶体等稳定剂，将制作出来的蛋糕立即放入−38℃的环境中，在短时间内使其中心温度达到−18℃以下，冻硬之后转入−18℃冷冻库储存。在需要使用时，从冷冻柜或冷冻库中取出，进行解冻，解冻后，其风味及口感几乎接近新鲜制作的蛋糕。冷冻蛋糕保质期长，一般可以达到半年以上，而且便于长途运输，因此深受烘焙企业、西式快餐店和咖啡店的青睐。冷冻蛋糕技术在国外的使用与发展也比较晚，在我国就更晚了，可以说，正是从这两年开始，国内的个别烘焙企业开始关注冷冻蛋糕，并进行研究与产品测试。

二、冷冻蛋糕/甜品的分类

1. 按裱花材料分类

（1）巧克力蛋糕：主要是指在戚风蛋糕坯子上浇铸融化的巧克力而成。

（2）冰淇淋蛋糕：主要是指用冰淇淋代替鲜奶油。

（3）鲜奶油蛋糕：主要是指用鲜奶油打发的奶油做装饰。

（4）水果蛋糕：主要是指在鲜奶油蛋糕上摆上水果。

2. 按蛋糕坯子的制作方法分类

（1）慕斯蛋糕：是用明胶凝结乳酪及鲜奶油而成，是现今高级蛋糕的代表。

（2）天使蛋糕：属于乳沫类蛋糕，只用无油脂成分的蛋白部分，毫不油腻而且更有弹性，非常爽口，其成品清爽雪白，故称之为"天使蛋糕"；因为它不含油脂与胆固醇，特别适合于担心发胖或有心血管疾病的人，是一种健康点心。

（3）面糊类蛋糕（重油蛋糕）：利用配方中的固体油脂在搅拌时拌入空气，面糊于烤炉内受热膨胀成蛋糕，主要原料是蛋、糖、面粉和黄油；其面糊浓稠、膨松，产品油香浓郁、口感深香有回味，结构相对紧密，有一定弹性，又称为奶油蛋糕，油的用量达到了 100%。

（4）海绵蛋糕：主要是利用全蛋打发拌入空气，经过烘焙使空气受热膨胀而把蛋糕撑大；这类蛋糕可以不加油脂却质地柔软，故又称清蛋糕，是最早出现的蛋糕。

（5）戚风蛋糕：是乳沫类和面糊类蛋糕改良综合而成的，制作时，蛋白、蛋黄须分开，先把蛋白部分打发，再拌入蛋黄面糊混匀；其组织最为膨松，细密有弹性，水分多而味道清淡不腻，十分受人欢迎，市面上蛋糕店大多用这类坯子。

（6）芝士蛋糕：主要是采用更多分量的乳酪做成的高级蛋糕，是现今高级蛋糕的代表，亦是美食家的新宠，营养丰富，市场售价比较昂贵。

（7）布丁蛋糕：主要是采用黄油、鸡蛋、白糖、牛奶为主要原料，配以各式辅料，通过冷藏或烤制而成的一种欧式蛋糕。

其中，慕斯蛋糕、重奶油蛋糕、戚风蛋糕、芝士蛋糕、布丁蛋糕这几类蛋糕是目前运用冷冻技术相对比较成熟一点的。特别是，戚风蛋糕的蛋糕坯子可以冷冻保存 1～3 个月，冷冻坯运送到各个店铺冷冻储存，在需要时，从冷冻库或冷冻柜中取出，进行解冻，然后完成切胚、抹胚、裱花等后续加工工作；明星产品泡芙的泡芙皮也可以做到在工厂完成挤注成型后急速冷冻，运输到各个店铺冷冻储存，在需要时，从冷冻库取出后，再进行解冻、烘烤、奶油装饰等加工工序，急速冷冻后的坯子可以冷冻保存 6 个月。

第二节　冷冻蛋糕/甜点的原辅料及其作用

冷冻蛋糕/甜点的基本原料按照是否含有水分可以分为干性材料和湿性材料，

其中，干性材料有面粉、奶粉、泡打粉和塔塔粉等。湿性材料有鸡蛋、牛奶和水等，介绍如下。

1. 鸡蛋

鸡蛋是蛋糕制作的重要材料之一，蛋糕能够膨胀松软地烘烤完成，最主要的原因就是鸡蛋的打发。鸡蛋可以最直观的分为蛋清和蛋黄两部分。其中，蛋清约占 2/3，蛋黄约占 1/3。蛋清中主要含有水分、蛋白质、碳水化合物、脂肪、维生素及卵蛋白等成分。蛋黄中则主要含有脂肪、蛋白质、水分、蛋黄素、无机盐、维生素及卵磷脂等成分。

（1）鸡蛋的使用形式：鸡蛋在蛋糕产品制作中包括只用蛋清打发的、蛋清蛋黄分开打发后再混合到一起的和蛋清蛋黄（全蛋液）一起打发的三种形式。

只用蛋清打发的：蛋清加入糖一起打发，这个过程其实是让蛋白质轻微变性，蛋白质分子形成一层薄膜，包裹着空气，而在之后的烘焙过程中，烘焙物内部空气膨胀，我们也就能够吃到多孔绵软的蛋糕。蛋清打发状态包括湿性发泡和干性发泡，其不同状态如图 6-1。

(a) 蛋白原始状态　　　　　(b) 湿性打发　　　　　(c) 干性打发

图 6-1　蛋清打发过程

湿性打发就可以做天使蛋糕了，干性打发的状态是糖蛋白黏在搅拌器上不往下滴，有些蛋糕只用蛋清，是为了体现蛋清打发后的松软。典型例子就是内心洁白的天使蛋糕（angel cake），如图 6-2。

蛋清蛋黄分开打发后再混合到一起：有些蛋糕将蛋清先打发，然后再与打发后的蛋黄混合。原因：蛋清完美打发的先决条件是，要在无油无水的状态下，而蛋黄的主要成分是脂肪，蛋白质含量很少，所以整个鸡蛋一起打发是非常困难的。既想要保证蛋清营造的松软口感，又要混入蛋黄，那就分开打发，再混合到一起烘烤。典型例子就是戚风蛋糕（chiffon cake），如图 6-3，大家可以看到内部颜色明显要比天使蛋糕黄很多（这就是蛋黄的功效）。

图 6-2　天使蛋糕

图 6-3　戚风蛋糕

蛋清蛋黄（全蛋液）一起打发：全蛋液打发的过程如图 6-4，很明显无法打发成纯蛋清打发那样的起泡程度，所以烘烤成熟的蛋糕不会有那么多和那么大的孔洞，蛋糕体相比于戚风蛋糕，组织"细腻"很多。如蜂蜜蛋糕，组织细腻，软绵可口。

图 6-4　全蛋液打发过程

（2）鸡蛋在蛋糕产品制作中的主要作用如下：①黏结、凝固作用，鸡蛋含有相当丰富的蛋白质，这些蛋白质在搅拌过程中能捕集到大量的空气而形成泡沫状，与面粉的面筋形成复杂的网状结构，从而构成蛋糕的基本组织，同时蛋白质受到热凝固作用，使蛋糕的组织结构稳定；②膨发作用，已打发的蛋液内含有大量的空气，这些空气在烘烤时受热膨胀，增加了蛋糕的体积，同时鸡蛋的蛋白质分布于整个面糊中，起到保护气体的作用；③柔软作用，由于蛋黄中含有较丰富的油脂和卵磷脂，而卵磷脂是一种非常有效的乳化剂，因而鸡蛋能起到柔软作用；比如，一种乳化法制作的马芬蛋糕或其它蛋糕，这种乳化法，通俗点说就是使油脂和水分更加充分地融合，而蛋黄中的卵磷脂就可以起到加速乳化的作用。充分乳化法制作的蛋糕口感细腻，柔软湿润，膨发度好，而且鸡蛋和油脂充分混合的香气也更浓郁。此外，鸡蛋对蛋糕的颜色、香味以及营养等方面也有重要的作用。凡是加入蛋黄的蛋糕，内部组织都会呈现非常诱人的金黄色，这是由于蛋黄中的胡萝卜素是一种天然健康的上色材料，所以蛋糕的金黄色就是依靠蛋黄中的胡萝卜素来呈现的。

2. 砂糖

（1）砂糖的选择：打发鸡蛋，一定要添加（幼）砂糖，是为了要搅打出细致且具有安定性的发泡状态，也就是为了制作出每颗气泡都是细小且紧实不易被破坏的状态；通常用于蛋糕制作的糖是幼砂糖，比较容易溶化，另外也有用少量的糖粉或糖浆，白砂糖在蛋糕制作中，是主要原料之一。

（2）糖在蛋糕产品制作中的作用如下：①增加蛋糕制品甜味，提高营养价值；②形成表皮颜色，在烘烤过程中，使蛋糕表面变成褐色并散发出香味；③填充作用，使面糊光滑细腻，产品柔软，这是糖的主要作用；④保持水分，延缓老化，具有防腐作用。

（3）糖在慕斯蛋糕产品制作中的功能及作用如下：主要起增加甜味、弹性、保湿和增加光泽的作用，这些表现是衡量一个慕斯产品制作成功的前提，所以糖在慕斯制作也是必不可少的。

（4）糖在慕斯蛋糕中的作用机理：①弹性，糖在遇水加热后会形成葡萄糖和果糖这两种成分，其湿黏体分布在慕斯体中，可促成体质更为细致柔软，同时更富有布丁状的良好弹性；②保湿，糖的吸湿性很强，使慕斯体内的水分不至于很快流失掉，因此，糖的用量越多，保质期就越长，安定性就越佳；③光泽，由于糖的湿黏体分布在内，可促成慕斯体呈现光泽状态，尤其是在切块慕斯中，切开的刀口处可显示出光泽度。

3．面粉

面粉是由小麦加工而成，是制作蛋糕的主要原料之一。

（1）面粉的选择：面粉大致可以分为五大类，分别是高筋粉、低筋粉、中筋粉、全麦粉和专用粉（面包或蛋糕），通常用于蛋糕的粉是低筋粉。低筋粉，它是由软质白色小麦磨制而成，它的特点是蛋白质含量较低，一般为 7%～9%，湿面筋不低于 22%。蛋糕专用粉，它是经氯气处理过的一种面粉，这种面粉色白，面筋含量低，吸水量很大，用它制作出来的面糊稳定性高，是专门用于制作蛋糕的面粉。

（2）面粉在蛋糕中的作用：在蛋糕产品的制作中，面粉的面筋构成蛋糕的骨架，淀粉起到填充作用。

在蛋糕制作过程中，面筋形成的骨架与成为蛋糕主体的糊化淀粉，可以让蛋糕不会崩塌，并且还能适度联结、支撑膨胀。使用低筋粉，面筋蛋白含量相对低，面筋筋度弱，自身的黏性和弹力也较弱，不会妨碍面糊的膨胀，也可以支撑膨胀起来的状态。若使用高筋粉，会形成大量具强大黏性及弹力的网状面筋，在烘烤后就会变得太硬。另外，当面糊产生膨胀的力量，会因过强的面筋而被抑制住，使得面糊无法顺利膨胀起来，烘烤后成为体积很小的蛋糕。

4．食盐

盐在蛋糕产品制作中的作用：①降低甜度，使之适口，不加盐的蛋糕甜味重，食后生腻，而盐不但能降低甜度，还能增添其它独特的风味；②可增加内部洁白度；③加强面筋的结构。

5．蛋糕油

蛋糕油又称蛋糕乳化剂或蛋糕起泡剂，它在海绵蛋糕的制作中起着重要的作用。在 20 世纪 80 年代初，国内制作海绵蛋糕时还未有蛋糕油的添加一说，所以在打发的时间上非常慢，出品率低，成品的组织也粗糙，还会有严重的蛋腥味。后来添加了蛋糕油，制作海绵蛋糕时打发的全过程只需 8～10min，出品率也大大地提高，成本也降低了，且烘烤出的成品组织均匀细腻，口感松软。现在随着人们生活水平不断地提高，消费者对饮食方面也越来越讲究。所以各大厂家为了适应市场的需求，近年来又相继推出了一种 SP 蛋糕油，它是采用更加高档的原材料生产，此种蛋糕油将制作海绵蛋糕的时间进一步缩短了，且成品外观和组织更加漂亮和均匀细腻，入口更润滑。

（1）蛋糕油的添加量和添加方法：蛋糕油的添加量一般是鸡蛋的 3％～5％。而且它的添加量是与鸡蛋量成正比的，当蛋糕的配方中鸡蛋的量增加或减少时，蛋糕油的添加量也须按比例增加或减少。

（2）添加蛋糕油的注意事项：蛋糕油一定要保证在面糊搅拌完成之前能充分溶解，否则会出现沉淀结块；因面糊中添加了蛋糕油，所以不能长时间地搅拌，因为过度地搅拌会使空气拌入太多，反而不能够使气泡稳定，导致气泡破裂，最终造成成品下陷，组织变成棉花状。

（3）蛋糕油的作用如下：在制作蛋糕面糊时，搅拌过程中加入蛋糕油，蛋糕油可吸附在空气-液体的界面上，使界面张力降低，液体和气体的接触面积增大，液膜的机械强度增加，有利于浆料的发泡和泡沫的稳定，使面糊的比例和密度降低，而烘烤出的成品体积增加；同时还能够使面糊中的气泡分布均匀，大气泡减少，使成品的组织结构变得更加细腻、均匀。

6. 油脂

在蛋糕的制作中用的最多的油脂是色拉油和黄油。黄油具有天然纯正的乳香味道以及颜色佳、营养价值高的特点，对改善产品的质量有很大的帮助；而色拉油它无色无味，不影响蛋糕原有的风味，所以广泛采用。戚风蛋糕和海绵蛋糕中使用的黄油一般与色拉油混合一起加热，此时固态黄油溶解，以液态形式加到搅拌完成的面糊中，低速将面糊与油脂混合均匀即可进入成型。

油脂在蛋糕中的功能：①固体油脂在搅拌过程中能保留空气，有助于面糊的膨发和增大蛋糕的体积；②使面筋蛋白和淀粉颗粒润滑柔软（柔软只有油才能起到作用，水在蛋糕中不能做到）；③具有乳化性质，可保留水分；④改善蛋糕的口感，增加风味。⑤具有消泡作用，将一些大的不良气泡破裂进一步加强面糊的稳定性，改善成品组织的气孔均匀性。

7. 鲜奶油（稀奶油、淡奶油）

所谓"鲜奶油"，一般指乳脂肪含量达到 35％～50％ 的乳制品，乳脂肪成分低的多种奶油因含有较多气泡，比较适合轻盈口感的慕斯等产品；而乳脂肪成分高的稀奶油，虽然气泡含量较少，但可以制作出较为浓郁滑顺的口感，因为乳脂肪是打发气泡的关键，所以不同浓度的鲜奶油有不同的使用方法。

（1）鲜奶油的种类，见表 6-1。

表 6-1 鲜奶油的种类

名称	分类	脂肪的种类	添加物	特征
鲜奶油（乳制品）	乳脂型	乳脂肪	无	仅以生乳中所含乳脂肪浓缩而成的纯鲜奶油
鲜奶油（乳或乳制品为主要原料的食品）	乳脂型	乳脂肪	乳化剂、安定剂	为使鲜奶油不易分离且具良好保存性而添加了乳化剂及安定剂
植物型鲜奶油	植脂型	植物性脂肪	乳化剂、安定剂	脂肪部分仅以植物性油脂制成
动植混鲜奶油	混脂型	乳脂肪、植物性脂肪	乳化剂、安定剂	脂肪部分以乳脂肪与植物性脂肪制成

（2）鲜奶油打发原理：脂肪球被脂肪球膜包覆着，薄膜与乳脂肪接触面上，是与油及空气相容（疏水性）的物质，而脂肪球膜的表面则是与水相容（亲水性）的物质，因此即使是脂肪球的油脂，也可以均匀地分散在水中。

搅拌器搅拌鲜奶油，空气会在鲜奶油中以细小的气泡进入，这个气泡的表面会被脂肪球膜表面上的蛋白质等所吸附，借由空气变性来破坏脂肪球膜。因此通过搅拌使脂肪球体间相互撞击，利用撞击来破坏脂肪球膜，脂肪球膜的表面会有部分进入疏水性领域，在疏水性领域中与空气结合，脂肪球会集结在气泡周围，随着脂肪球之间相互的撞击而不断地加以集结，这就会在气泡间形成网状结构，而成为支撑打发鲜奶油的硬度。

鲜奶油一方面可填充慕斯使其体积膨大，并具有良好的弹性特质，另一方面可令慕斯口感更为芬芳爽口。一般情况下，鲜奶油的口味好坏直接影响慕斯的口感和口味，从这个角度来说，定位高端及追求品质的饼房倾向于选用动物奶油，动物奶油没有任何甜味，只有浓郁的奶香味。

8. 发酵奶油

发酵奶油是利用乳酸菌发酵稀奶油制成，有着一般奶油所没有的香味。与黄油相比，发酵奶油的颜色是类似香草冰淇淋的奶白色；发酵奶油的质地要柔软很多，在常温下，用刀的侧面去按压，很容易就将发酵奶油压扁，而黄油需要用大拇指按压才能压扁变性；发酵奶油与黄油在品质上并无优劣之分，不过由于有经过发酵后的乳酸味和更加浓郁的奶香味，很多人都喜欢用发酵奶油制作各式蛋糕（西点）来增添成品中的风味，比如玛德琳、费南雪等法式甜点在制作时都可以用发酵奶油来替代黄油。

9. 牛奶

牛奶是慕斯体内所需要的最基本的水分，营养价值高，极为爽口，能让慕斯的口感更爽口好吃，也可促使慕斯质地更细致润滑。如果用水代替牛奶，虽然也是可行的，但产品在风味、口感上远不如添加牛奶的。

10. 芝士

芝士也叫"乳酪"或者"奶酪"，不同于稀奶油和黄油，奶酪的主要成分除了鲜奶中的脂肪（约占 35%）外，还有约 30% 的蛋白质和 30% 的水。芝士与奶油、黄油的不同在于制作工艺中的"发酵"。这一点和酸奶的制作有些类似，不过芝士比酸奶的浓度要更高。我们常见的芝士有：马苏里拉芝士，披萨切开后的拉丝全靠它；奶油芝士，专门用于制作芝士蛋糕；帕玛森芝士，磨成粉以后做焗饭；马斯卡彭芝士，是做提拉米苏的必备材料。

11. 化学膨胀剂

化学膨胀剂主要包含小苏打和泡打粉，在蛋糕的制作中使用最多的是泡打粉。

泡打粉，成分是小苏打＋酸性盐＋中性填充物（淀粉），碳酸氢钠和酸性剂约各占 30%，其余的成分是玉米粉，玉米粉可以避免保存中的碳酸氢钠和酸性剂相互接触产生反应。其中，酸性盐有强酸和弱酸两种：强酸——快速发粉（遇水就发）；弱酸——慢速发粉（要遇热才发）；混合发粉——双效泡打粉，最适合蛋糕用。

小苏打，化学名为碳酸氢钠，遇热加温分解时产生碱性的碳酸钠，因产生的二氧化碳较少，而且同时产生碳酸钠，这导致产品稍有苦味，所以在蛋糕制作中较少使用。

加入小苏打和泡打粉的面糊，会因加热而膨胀，碳酸氢钠的成分会溶于面糊内的水分中，加热时就会引起化学变化，分解产生二氧化碳。化学膨胀剂的主要作用为：①增加体积；②使体积结构松软；③组织内部气孔均匀。

12. 塔塔粉

塔塔粉，化学名为酒石酸钾，它是制作戚风蛋糕必不可少的原材料之一。戚风蛋糕产品是利用蛋清来起发的，蛋清是偏碱性，pH 达到 7.6，而蛋清在偏酸的环境下也就是 pH 在 4.6～4.8 时才能形成膨松安定的泡沫，起发后才能添加其它原料。戚风蛋糕正是将蛋清和蛋黄分开搅拌，蛋清搅拌起发后需要拌入蛋黄部分的面糊，没有添加塔塔粉的蛋清虽然也能打发，但是一旦加入蛋黄面糊则会下陷，不能成型。所以可以利用塔塔粉的这一特性来达到最佳效果。

（1）塔塔粉的作用如下：①中和蛋白的碱性；②帮助蛋白起发，使泡沫稳定、持久；③增加制品的韧性，使产品更为柔软。

（2）塔塔粉的添加量和添加方法：它的添加量是全蛋液的 0.6%～1.5%，与蛋清部分的砂糖一起拌匀加入。

13. 凝固剂

在慕斯蛋糕制作中常用的凝固剂为明胶。明胶可以制作出柔软且具有弹性的口感，并且含在口里就会溶化。明胶包括片状明胶和粉状明胶，两者在使用过程中的处理方法有所不同，但两者的成分并无不同。

（1）片状明胶：片状明胶每片的重量是相对固定的，所以在计量上不需要花太多时间，用水浸泡还原的时间会比粉状明胶短，这是其优点。

还原片状明胶，先浸泡于冰水中，变软后再拧干水分使用，但严格来说，使用这个方法，明胶的吸水量无法把握，这也是最大的缺点。无论明胶还原到何种柔软状态以及水分拧干到什么程度，都会改变明胶中的含水量，在糕点制作上凝固的程度也有可能会因此而不同。片状明胶在冰水或冷水中还原的原因是明胶在10℃以下的冷水中不会被溶解，同时也不会吸收多余的水分。

（2）粉状明胶：粉状明胶是先称量，再加入明胶重量4～5倍的水来还原，也可以使用隔水加热的方式溶解明胶。因为还原的水分用量经过称量，所以蛋糕的凝固状态也会相对固定。

14. 香料

香草是兰科植物的一种，长约15～30cm，像豌豆荚一样的绿色果实。香草经由本身特有的酶发酵，并经过干燥制成黑色细长形状，芬芳的香气，其实来自发酵所产生的香兰素。柔和的甘甜香气，是香草最大的特征。

相较于高价的香草荚，一些企业为节省成本，会选择使用香草精或香草油，但香气绝对比不上香草荚来得好。

香草精加热后，香气会挥发掉，因此可以用于增添在冰淇淋或鲜奶油蛋糕中，如果有加热的工序，也可以稍微放凉后再加入。香草油因容易渗入油脂中，即使在烤箱内烘烤香味也不易挥发，适用于鲜奶油蛋糕，烘烤后还能保有香气。

通过以上对于蛋糕/甜点所用的原材料的详细介绍，这里再简单总结一下蛋糕膨松的基本原理。

（1）空气的作用：空气可以通过干性原料过筛、原料搅拌以及加入经搅打起泡的全蛋或蛋清时，进入蛋糕混合物中。①在制作重油蛋糕时，糖和油脂在搅拌时能拌入大量空气，糖和油脂因搅拌产生摩擦作用而产生气泡，这种气泡进炉受热后进一步膨胀，使蛋糕体积增大、膨松；②在制作海绵蛋糕和戚风蛋糕时，搅拌全蛋和蛋清，可以带入大量的空气，鸡蛋具有融和空气和膨大的双重作用，蛋糕油又发挥了起发快与保留空气的作用。

（2）膨松剂的作用：蛋糕所用的膨松剂主要是化学膨松剂，如小苏打和泡打粉等，它们发生化学反应后最终产生二氧化碳，这些气体使蛋糕膨大。

（3）水蒸气的作用：蛋糕在烤炉中产生大量水蒸气，水蒸气与蛋糕中的空气和二氧化碳的结合使蛋糕体积膨大。

第三节　冷冻蛋糕/甜点的生产工艺流程

目前，在国内市场上比较成熟的冷冻蛋糕主要包括冷冻慕斯蛋糕、冷冻芝士蛋糕、冷冻马芬蛋糕，此外，还有冷冻戚风蛋糕坯（半成品）以及冷冻泡芙皮（半成品）。

一、冷冻慕斯蛋糕的制作工艺流程

慕斯蛋糕，是一种冷冻式的甜点，慕斯使用的凝结原料是动物胶，需置于低温处存放。慕斯的口感兼具冰淇淋、果冻和布丁的特点，所以细腻、润滑、柔软、入口即化是慕斯应具备的口感。慕斯的制作以牛奶、动物胶、糖、蛋黄为基本原料，以打发蛋白、打发鲜奶油为主要的填充材料。

(一)工艺流程

（1）蛋糕海绵方板坯体（热加工）

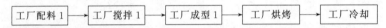

（2）慕斯蛋糕加工（冷加工）

① 终端用户为门店（冷冻成品）

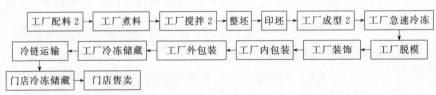

② 终端用户为门店（冷冻半成品）

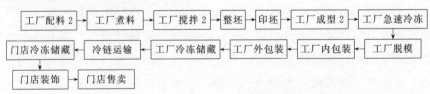

以上两种工艺的主要区别：脱模完成后是否在工厂完成装饰，第一种工艺在工厂完成装饰，为方便运输与长时间存储，表面装饰比较简单，以巧克力装饰为主，适用于跨省饼店企业；第二种工艺在工厂完成半成品，在门店进行更丰富的造型装饰，比如新鲜水果等，适用于同一地区自有饼店企业。

③ 终端用户为工厂

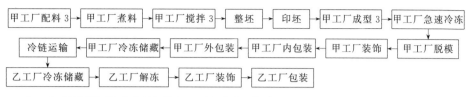

（二）蛋糕海绵方板坯体加工作业标准

1. 配料工序

（1）车间配料区的生产环境温度：25℃。

（2）原料的处理方法：蛋糕海绵方板坯体配料对原材料无特殊处理要求，主要是一些湿性原材料，特别是蛋液、油脂、牛奶等，为保持面糊的稳定性，需要进行水浴加热处理达到40℃，保证搅拌完成后面糊在22～24℃，面糊不易消泡。

（3）两种配料方式：主要包括人工配料的方式和自动化系统配料的方式。两种方式与冷冻面团的配料方式相同，此处不再赘述。

2. 搅拌工序

（1）车间搅拌区的生产环境温度：25℃。

（2）搅拌的方式：①人工搅拌，主要指依靠小型打蛋机与人工辅助完成面糊搅拌的生产方式；②全自动搅拌，主要指依靠海绵蛋糕自动打发系统的生产方式。

3. 成型（装盘）工序

（1）车间成型区的生产环境温度：25℃。

（2）成型的方式：搅拌完成后，面糊一般要求在5～10min以内完成充填灌模进入烘烤工序，否则面糊会发生消泡现象，可选择手工装盘，也可以用连续自动充填机充填，充填之前需要将烤盘（模）中垫上烤盘纸，再倒入面糊浆料，要求面糊平整。

4. 烘烤工序

蛋糕海绵方板坯的烘烤主要使用层炉或隧道炉烘烤。

5. 冷却工序

（1）车间冷却间的环境温度：20～22℃。

（2）冷却方式：可选用车架式冷却或螺旋塔冷却。

（三）慕斯加工作业标准

1. 配料工序

（1）车间配料区的生产环境温度：18℃。

（2）原料的处理方法：慕斯作为一种冷冻式的甜点，其制作方式属于冷加工，全流程要保持低温和一定频率的消毒处理，所以原材料包括淡奶油、奶酪、牛奶等需要在拆掉外包装后，保留内包装进行消毒处理才能入库备用。

另外，吉利丁具有强大的吸水特性和凝固功能，慕斯主要就是依靠吉利丁的吸水特性来凝结成体的。吉利丁从外观上来看分为片状、粉状、颗粒状三种类型，是一种干性材料，在使用之前必须浸泡于 3～5 倍的冷水中。如果不浸泡，会出现溶化不均匀的现象，而且容易出现颗粒粘在盆边上。

（3）两种配料方式：主要包括人工配料的方式和自动化系统配料的方式。

2. 煮料工序

煮料可以采用电磁炉，也可以采用带夹层加热的煮馅机。常见煮料流程为：将除吉利丁之外的原材料，如牛奶、糖、奶酪等边搅拌边水浴加热，加热至 85℃ 左右，搅拌均匀至无颗粒，在室温中冷却至 60℃ 左右后加入已经泡软的吉利丁，搅拌均匀并冷却。

3. 搅拌工序

搅拌过程可选用打蛋机，也可用慕斯面糊打发系统完成。实现煮料、搅拌一起完成。如果希望鲜奶油能很好地打发，则一般需要在打发前放入冰箱冷藏 12 小时以上，0～5℃ 的奶油在打发完成之后可以达到 7～10℃，只有温度足够低的鲜奶油，才比较容易打发且打发后不会融化。半退冰状态，是鲜奶油的最佳打发状态，能从罐中轻易地倒出来。此外，对于动物性鲜奶油可以根据个人口味加入一定比例的糖一起打发，植脂奶油因本身含有糖，所以不需要额外加糖。伴随着搅拌的过程，鲜奶油会变得越来越稠厚，体积也渐渐变大。继续搅打，鲜奶油会越来越稠厚，直至打蛋器搅打出的纹路越来越清晰，当搅拌到出现清晰、硬挺的纹路时，就打发好了。如果是慕斯奶油面糊，在奶油打发好之后，可以加入经过煮料、冷却的慕斯面糊，或称为慕斯馅料，搅匀即可。如果是装饰用奶油，则可以在鲜奶油打发好之后加入少许君度酒或朗姆酒，鲜奶油吃起来就不会那么腻了。

4. 整坯工序

整坯一般是对蛋糕海绵方板进行表面去皮和表面不平整的地方板进行修整至要求厚度。

5. 印坯工序

印坯，可以手工通过钢制模具印出我们想要的形状，比如心形、方形、圆形等，也可以用水切割设备，通过程序编辑或手工在屏幕上绘制想要的形状，然后由设备自动完成切割。目前，国内冷冻甜点的生产大多都是自给自足型，产量较小，故都以手工模具印坯为主，但后者水切割在国外一些大中型企业中已经普遍使用。

6. 成型工序

（1）车间成型区的生产环境温度：15～18℃。

（2）成型的模具：冷冻甜点类成型一般是借助模具，模具材质包括硅胶、玻璃罐子、塑料杯、不锈钢制品等，因为模具的材质和形状具有多样性，所以才有了甜点丰富多彩的诱人造型。

（3）成型的方式：可选用充填机充填（桌上型、半自动输送带式或自动化在线式）和人工充填。成型过程一般为放坯、喷糖浆、慕斯一次面糊灌模、放坯、喷糖浆、二次面糊灌模。

车间成型区的生产环境温度在15～18℃。如果温度过高，容易导致细菌超标，打发的奶油容易油水分离；而如果温度过低，则造成能耗浪费，且慕斯面糊容易凝固，对产品制作的时间要求上更加严格。

7. 急速冷冻

当成型工序完成后，将慕斯面糊随模具一起置入急速冷冻柜或急速冷冻塔，速冻温度为－38℃以下，速冻至中心温度达到－18℃。不同质量的慕斯蛋糕速冻时间不一样，相对于冷冻面团来说，慕斯蛋糕的质量都更大，速冻时间也普遍在1h以上。这里如果是自有门店，且保质期要求时间不长，可以放入－18℃冷冻库替代－38℃急速冷冻，以节省成本。

8. 脱模工序

若是硅胶模具，可手工完成脱模，若是不锈钢模具，还需要借助火枪或其它加热装置进行脱模。

9. 工厂装饰工序

主要指有些产品需要进行一些巧克力涂层、饼干碎屑等简单的装饰。车间装饰区的生产环境温度：15～18℃。

10. 包装工序

内包装一般选择瓦楞纸板硬纸盒包装，外包装一般塑封即可。车间包装的生产环境温度：15～18℃。

11. 工厂冷冻储存工序

放置于－18℃冻库储存。

12. 冷链运输工序

使用−18℃冷冻车运输。

13. 门店冷藏储存

配送到门店的慕斯蛋糕应放置于门店冷冻柜中储藏，保质期可达6～12个月，在前场冷藏柜中的产品需要补货时，将冷冻柜中的冷冻慕斯取出，解冻之后再装饰水果，然后置于冷藏柜中售卖，保质期变为3天。

14. 门店装饰工序

这里的装饰主要是在门店进行一些新鲜水果等装饰。

15. 售卖

产品须陈列于0～4℃的冷藏柜中售卖。

二、冷冻芝士蛋糕的制作工艺流程

芝士蛋糕是指配方中含有芝士的蛋糕，且芝士的含量较大。芝士又名奶酪、干酪，指动物乳经乳酸菌发酵或加酶后凝固，并除去乳清制成的浓缩乳制品。芝士本身主要由蛋白质、脂类等营养成分组成，同牛奶一样。

芝士蛋糕含有丰富的钙、锌等矿物质及维生素 A 与 B_2，而且因其是经过发酵作用制成而使这些养分更易被人体吸收。

芝士蛋糕通常都以饼干作为底层，也有不使用底层的。芝士蛋糕有几种常见的口味，如原味芝士、香草芝士、巧克力芝士等，蛋糕表层的装饰常常是草莓或蓝莓，也有不装饰或只是在顶层简单抹上一层薄蜂蜜的产品，此类蛋糕在结构上较一般蛋糕扎实，但质地却较一般蛋糕绵软，口感上亦较一般蛋糕更加湿润。具体制作工艺流程如下：

（1）饼干底

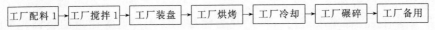

（2）芝士蛋糕加工

① 终端用户为门店

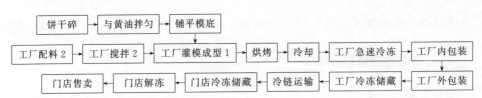

② 终端用户为工厂

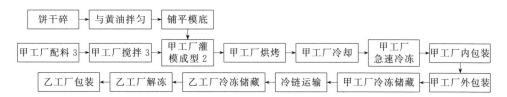

饼干底的制作与常规的烘焙类曲奇饼干制作工艺上没有什么差异，比较简单，因本节重点不是介绍饼干产品制作，所以此处不做详细说明。

芝士蛋糕的加工与慕斯蛋糕加工的差异主要有两点。第一点是搅拌，芝士蛋糕以奶酪为主要原材料，需要将奶酪提前放在室温条件或放置于冷藏库软化之后，在搅拌机里加糖搅打至无细小颗粒再加入其它原辅料，这点很重要，直接关系到成品口感的细腻度。第二点是烘烤，芝士蛋糕烘烤时需要用自带喷蒸汽的烤炉或者是在烤炉内放烤盘加冰（烘烤过程中冰融化，水浴），目的是为了让烤炉保持湿润，使芝士蛋糕在烘烤过程中不易开裂。其它的工艺与慕斯蛋糕一致，这里就不做重复性说明。

三、冷冻马芬蛋糕的制作工艺流程

马芬蛋糕是一种类似于重油蛋糕的糕点，但它比重油蛋糕松软得多，由于蛋糕配方里面加了牛奶，所以蛋糕内芯非常湿润。虽然马芬含油量较多，却没有太多油腻的感觉，并且保质期比较长。其具体制作工艺流程如下。

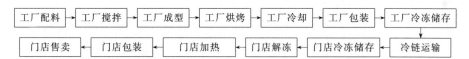

马芬蛋糕的制作工艺流程中，配料、搅拌、成型、烘烤和冷却等工序与常规蛋糕制作几乎没有什么差异，而冷冻储存、冷链运输等工序又与慕斯蛋糕没什么差异。但需要特别说明的有两点，一是在工厂第一次包装，一般是将冷冻马芬坯装入托盘，外套塑料袋封口装箱，第二次包装是在门店，根据顾客要求，自由选择精美的成品袋包装后常温售卖，也可以直接陈列在现烤柜售卖；二是为保持湿润松软的口感，冷冻马芬坯售卖前建议加热复温。

四、冷冻戚风蛋糕坯的制作工艺流程

戚风蛋糕是指在制作过程中把鸡蛋中的蛋白和蛋黄分开搅打，拌入空气，并在入模成型后放置于烤炉烘烤而成的蛋糕。由于戚风蛋糕的面糊含水量较多，因此烘烤完成后的蛋糕体组织比其它类型的蛋糕松软，有弹性，而且富有蛋香、油香，令人回味无穷。戚风蛋糕组织膨松，水分含量高，味道清淡不腻，口感滋润嫩爽，是目前国内市场上最受欢迎的蛋糕之一。同时，戚风蛋糕是应用最广泛的基础蛋糕之一，比如生日蛋糕、奶油蛋糕、裱花蛋糕的基本蛋糕体大多采用戚风蛋糕坯。具体制作工艺流程如下。

① 终端用户为门店

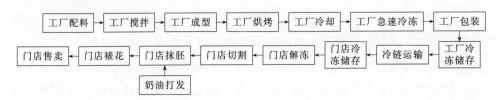

② 终端用户为工厂

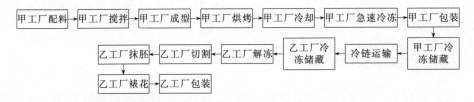

以上工艺流程需要特别强调以下几点。

（1）搅拌：戚风蛋糕的搅拌方法与其它类型的蛋糕有所不同，它是将蛋白和蛋黄分开搅拌，然后再混合在一起；首先是蛋白部分，加入除蛋白所需用的 2/3 的糖和塔塔粉之外的其它所有的原料，一起慢速搅拌成细腻面糊，若是做戚风烫面蛋糕坯，蛋黄部分除面粉外的其它原料会边搅拌边水浴加热至 65℃ 以上，再加入面粉混匀；其次是蛋白部分，将蛋白、塔塔粉和剩下的糖快速搅打成干性发泡状，即鸡公尾状，然后将蛋白糊与全部的蛋黄糊拌匀。此工序可以根据生产量和劳动力强度选择不同型号打蛋机、关东搅拌系统或者连续性戚风打发系统等设备完成。

（2）急速冷冻：戚风蛋糕含水量比较高，虽然与马芬蛋糕一样经过了烘烤而成为熟制产品，但因其成分上的差异（马芬为重油蛋糕），若戚风蛋糕在烘烤冷却之后不经急速冷冻而直接冷冻保存，除了其保质期大大缩短之外，在解冻之后的蛋糕坯口感会偏干甚至掉渣，所以，一个好的冷冻戚风蛋糕坯，是蛋糕坯在冷却后再进行急速冷冻，直至中心温度达到 −18℃ 以下再进行冷冻保存；急速冷冻坯的保质期可达 2～3 个月，储存在冷冻柜或冷冻库中的冷冻蛋糕坯，可以在保质期内随时取出，进行解冻之后，再加工，然后转入冷冻柜中售卖，转为冷藏的保质期为 3 天。

（3）解冻：可以采取常温解冻或微波短时解冻两种方式，但为了减少水分在解冻过程中的散失，建议采用微波短时解冻。

五、冷冻泡芙（坯）的制作工艺流程

泡芙是英文 puff 的译音，中文习惯上称之为气鼓或哈斗等，是一种常见的甜点。泡芙类制品主要有两类，一类是圆形的，英文叫 cream puff，中文称之为奶油气鼓，此类制品还可根据需要组合成象形的制品，如鸭形、鹅形等；另一类是长形，英文叫 eclair，中文称之为气鼓条。

目前在国外，冷冻类泡芙比较常见的是工厂生产泡芙坯，冷链运送到各店之后再完成烘烤、注馅等，而国内少有的几家冷冻泡芙生产厂商，以冷冻泡芙成品直接冷链供货给终端客户。

1. 产品特性

泡芙是常见的西式甜点之一，是用烫制面团制成的一类点心，它具有外表松脆、色泽金黄、形状美观、食用方便、口味可口的特点。根据所用馅料的不同，其口味和特点也各不相同，常见的口味品种有鲜奶油气鼓、香草水果气鼓、巧克力气鼓条、咖啡气鼓条、杏仁气鼓条等。

2. 泡芙的基本原料及膨胀原理

泡芙能形成中间空心类似球状的形态与其面糊的调制工艺有着密不可分的关系。泡芙面糊由煮沸的液体原料和油脂加面粉烫制的熟面团加入鸡蛋液调制而成。它的起发主要由面糊中各种原料的特性及面坯特殊的工艺方法——烫面决定。

（1）面粉：面粉是泡芙膨胀定型不可缺少的原料。面粉中的淀粉在水及温度的作用下发生膨胀和糊化，蛋白质变性凝固，形成胶黏性很强的面团，当面糊烘焙时，能够包裹住气体并随之膨胀，仿佛像气球被吹胀了一般。

制作泡芙所使用的面粉根据需要选择高、中、低筋面粉。面粉筋度不同所制作的泡芙产品品质及外观均存在一些差异。高筋面粉有很强的筋力和韧性，可以增大面糊吸收水分或蛋液的量。若蛋液量充足，可使泡芙有更强的膨胀能力，若蛋液量不足，则会使泡芙膨大能力受阻，会因面糊过硬而使面筋无法拓展，造成泡芙体积更小。

中筋面粉因筋力适中而最适合泡芙运用。其制成品无论在体型表面爆裂颗粒，中间空心部分都具有高筋面粉和低筋面粉所不及的优点。

低筋面粉因筋力较弱，在烘烤时容易爆裂，因此泡芙的表面所爆裂的颗粒较大，向四周膨胀范围较宽，体型显得较大，空心较狭窄，壳壁较厚。

（2）油脂：油脂除了能满足泡芙的口感需求外，也是促进泡芙膨胀的必要原料之一。油脂的润滑作用可促进面糊性质柔软，易于延伸；油脂的起酥性可使烘烤后的泡芙外表具有松脆的特点；油脂分散在含有大量水分的面糊中，当烘烤受热达到水的沸腾阶段，面糊内的油脂和水不断产生互相冲击，发生油汽分离，并快速产生大量气泡和气体，大量聚集的水蒸气形成强蒸气压是促进泡芙膨胀的重要因素之一。

油脂种类很多，其油性不同，对泡芙品质也有一些影响。制作泡芙宜选用油性大、熔点低的油脂，如酥油等，其制作泡芙的品质及风味俱佳。但其不易与水融合，在操作中也容易造成失误。选用色拉油的比较广泛，其油性小、熔点低，容易与其它材料混合均匀，操作简单，不易失败，缺点是没有味道，产品老化较快。

（3）水：水是烫面的必需原料，充足的水分是淀粉糊化所必须的条件之一。烘烤过程中，水分的蒸发是泡芙体积膨大的重要原因。

（4）鸡蛋：鸡蛋中的蛋白是胶体蛋白，具有起泡性，与烫制的面坯一起搅打，使面坯具有延伸性，能增强面糊在气体膨胀时的承受能力。蛋白质的热凝固性，能使增大的体积固定。此外，鸡蛋中蛋黄的乳化性，能使制品变得柔软、光滑。

（5）盐：盐在泡芙中不仅具有调节风味的作用，也有增强面糊韧性的作用，是泡芙的辅助原料，添加少许可使泡芙品质更佳。

3. 工艺流程

① 终端用户为门店（冷冻半成品坯）

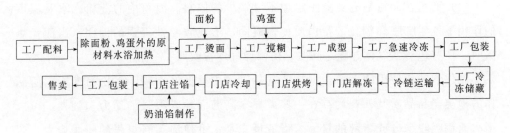

② 终端用户为工厂（冷冻半成品坯）：此种情况比较少见，不做详细介绍。

③ 终端用户为门店（冷冻成品坯）

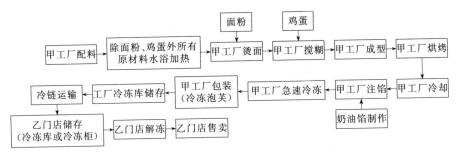

④ 终端用户为工厂（冷冻成品坯）：此种情况比较少见，不做详细介绍。

4. 作业标准

（1）面糊调制工序

泡芙面糊的调制工艺，直接影响制成品的质量。泡芙面糊的调制一般经过两个过程完成。一是烫面，具体方法是：将水、油、盐等原料放入容器中，水浴加热煮开，待黄油完全熔化后倒入过筛的面粉，快速搅拌，直至面团烫熟、烫透。二是搅糊，方法是：待面糊晾凉，将鸡蛋分次加到烫面的面团内，直至达到所需要的质量要求。

检验面糊稠度的方法是：将面糊挑起，当面糊能均匀缓慢地向下流时，即达到质量要求。若面糊流得过快，说明面糊过稀，相反，说明鸡蛋量不够。

（2）成型工序

泡芙面糊成型的好坏，直接影响到成品的形态、大小及质量。泡芙成型的方法一般是挤制成型，可以手工成型，也可使用充填机成型，只需要根据需要的形状和大小，将泡芙面糊挤在烤盘上，使之形成泡芙的品种和花样。一般形状有圆形、长条形、圆圈形、椭圆形等。

（3）急速冷冻工序

泡芙皮为烫面熟制工艺，主要依据水蒸气和化学膨松剂进行膨胀，一般在－38℃环境下速冻至冻硬即可。

（4）包装工序

第一次包装主要是在工厂内包装，可直接用塑料袋包装，也可用托盘装好再放入塑料袋封口，最后再用硬纸板包装。第二次包装主要是在门店内，可直接陈列或装盒包装售卖。

（5）烘烤工序

泡芙成型后，即可放入烤箱或烤炉内烘烤，泡芙烘烤时，尤其是在进炉后的开始时间内，对温度的要求很高。因此，在烘烤的开始阶段，应避免打开炉门，以防温度过低使泡芙表皮过早干硬，从而影响到泡芙的胀发。在泡芙烘烤的后期阶段，因为泡芙已经胀发到最大限度，制品表皮开始碳化，此时已不需要太高温度，因此，在这一烘烤阶段，应采取降低炉温或打开炉门的办法，使内部温度降低，蒸汽散出，使泡芙表皮形成酥脆的特点。

（6）注馅工序

注馅动作，依靠产量大小，可以有手工裱花袋注馅、桌上型半自动注馅机、全自动输送线式注馅机等多种选择。

第四节　冷冻蛋糕/甜点的应用

与冷冻面团一样，冷冻蛋糕/甜点在国内的烘焙、餐饮、食品、零售等行业以及日常家庭生活中的运用也日益广泛，比如：烘焙中央工厂、饼屋（连锁或个体）、餐厅（中餐厅或西餐厅）、酒店、商超、便利店以及家庭等场所。本节将逐一介绍不同的冷冻蛋糕/甜点产品在每个领域及业态的运用。

一、冷冻戚风蛋糕坯

1. 烘焙中央工厂

一般情况下，发货到各烘焙企业中央工厂的冷冻戚风蛋糕坯，先储藏在工厂的冷冻库里，需要时，从冷冻库中取出，经过解冻之后，可以连续进行切割、抹坯、裱花等后续工序，然后，再通过冷链物流送货到各门店售卖。

烘焙中央工厂使用冷冻戚风蛋糕坯的好处：①为中央工厂节省生产场地面积，戚风蛋糕产品生产中的配料、搅拌、成型、烘烤、冷却、包装等所有工艺程序都可以省掉，可以大幅缩减工厂生产场所的面积及设备投资；②为中央工厂节省烘焙技师和生产人员，既然制作戚风蛋糕产品的六个程序都省掉了，那么，这六个程序所需要的生产人员也都全省下了，另外，由于蛋糕产品制作中的搅拌、成型、烘烤等三个工序专业技术性较强，所以也为工厂解决了蛋糕技师招聘与培养的难题。这种情况比较适合跨区域发展的大中型企业集团，并且每个区域都有制造工厂，工厂的模式为"1+N"（"1"为规模最大的核心工厂，"N"为多区域子公司中小型卫星工厂）。

2. 连锁饼屋

一般情况下，连锁饼屋都拥有自己的烘焙中央工厂，只是中央工厂的规模与门店数、日订单量有关，如果是门店数多且订单量大的企业，中央工厂的规模会大一些，而门店数少、日订单少的企业，中央工厂的规模会小一些。所以，由企业自己的烘焙中央工厂将冷冻戚风蛋糕坯通过冷链物流发送到各个连锁饼店。发送到各连锁饼店的冷冻戚风蛋糕坯先储存在饼店的冷冻柜或冷冻库里，需要时，从冷冻柜或冷冻库中取出，经解冻、切割、抹坯、裱花等程序的制作与加工即可售卖。

连锁饼店使用冷冻戚风蛋糕坯的好处：因冷冻蛋糕坯保质期长（可达3个月），所以门店可以一次性将各种尺寸的蛋糕坯备足货源，储存在门店冷冻库里，在保质期内任何时候需要时，都可以直接取出进行加工，然后转为冷藏售卖，保质期为3天，与现做的新鲜蛋糕的新鲜度无异，这样可以有效地防止生日蛋糕的缺断货。

3. 个体饼屋

一般情况下，个体饼屋不会建立自己的烘焙中央工厂。那么，个体饼屋制作与销售的生日蛋糕所需要的戚风蛋糕坯主要来自两个方面：一是个体饼屋自建一个小型的面包、蛋糕制作与加工作坊，自制蛋糕坯自给自足；二是从其它烘焙企业的中央工厂购买冷冻蛋糕坯。对于个体饼屋自建作坊的情况，在配齐了所有制作设备与技术人员的前提下，每月的生产与经营管理费用增加了很多，如场地租赁、水电费、人工费等。而每日生日蛋糕的订单量并不会增长多少，其效益便可想而知了，相比之下，如果从其它烘焙企业购买冷冻蛋糕坯，其好处很多：①因冷冻蛋糕坯保质期长，可达2~3个月，所以个体饼屋可以与连锁饼屋一样，一次性将各种尺寸的蛋糕坯备足货源，储存在门店的冷冻柜或冷冻库里，在保质期内的任何时候，都可以随时取出进行再加工，然后转为冷藏售卖，保质期为3天，与现做的新鲜蛋糕的新鲜度无异，这样既可以随时给顾客提供生日蛋糕，又可以有效防止缺断货，极大地提高了顾客的体验感；②因不需要自行制作蛋糕坯，既降低了损失，又大幅缩减了各项生产经营的成本和费用，效益也相应提升。

二、冷冻慕斯蛋糕/冷冻芝士蛋糕/冷冻马芬蛋糕

1. 烘焙中央工厂

一般情况下，发货到烘焙企业中央工厂的冷冻慕斯蛋糕/冷冻芝士蛋糕/冷冻马芬蛋糕，先储存在工厂的冷冻库里，需要时，从冷冻库中取出，再通过冷链物流发送给各个饼屋，饼店收到货后，暂存于冷冻库里。

烘焙中央工厂使用冷冻慕斯蛋糕/冷冻芝士蛋糕/冷冻马芬蛋糕的好处：①各类冷冻蛋糕在冷冻状态下的保质期可达 3～6 个月，可以有效阻止缺断货；②为中央工厂节省大量的生产场地面积，各类冷冻蛋糕产品制作中的配料、煮料、搅拌、成型、急速冷冻、包装等所有的工艺程序都可以省掉，可以大幅缩减工厂生产场所的面积；③为中央工厂节省蛋糕技师和生产人员，众所周知，制作上述各类冷冻蛋糕产品的用量是很大的，既然制作各类蛋糕的所有程序都省掉了，那么，也就省掉了大批的生产人员，另外，由于这几类蛋糕产品的专业技术性很强，也为工厂解决了蛋糕技师招聘难与培养难的问题。

2. 连锁饼店

一般情况下，冷冻慕斯蛋糕、冷冻芝士蛋糕和冷冻马芬蛋糕因后续加工工艺相对简单，可直接发送至各连锁店。发送到各连锁店的各类冷冻蛋糕先储存在店内的冷冻柜或冷冻库里，需要时，从冷冻柜或冷冻库中取出，经解冻、装饰后即可售卖。

连锁饼店使用冷冻慕斯蛋糕/冷冻芝士蛋糕/冷冻马芬蛋糕的好处：①各类冷冻蛋糕在冷冻状态下的保质期可达 3～6 个月，但经解冻、装饰，并转为冷藏售卖后，保质期变为 3 天，这样既有效防止了门店的缺断货，又确保了产品的新鲜度；②在冷冻状态下，各类冷冻蛋糕产品的保质期长，所以每个店对每个单品产品可以一次性下 5～7 天的订单，甚至更长时间，（根据 5～7 天的预估销售量及箱装容量来确定每个单品单品的箱数），这相比于冷藏蛋糕而言，避免了冷藏蛋糕因保质期短、销量小，门店担心卖不完产生报损而不敢整件备货，也避免了因门店每天都要对每个单品零星下单，工厂每天都要对每个单品零星生产，而造成的工厂包装车间的包装人工费与物流车间的分货人工费的大幅上涨（因每个店每个单品都不是整件要货，故每件货都是由不同的单品拼装而成），以及物流成本的大幅增加；③生产与物流的效率大幅提升。④因为是在门店现场解冻之后，陈列于冷藏柜售卖，所以相比于从中央工厂将冷藏蛋糕逐一送到所有门店后再进行陈列，产品的货架期明显延长了。

3. 个体饼屋

我们已经知道，一般情况下，个体饼屋没有自己的烘焙中央工厂，所以，个体饼屋制作与销售的冷冻慕斯蛋糕、冷冻芝士蛋糕以及冷冻马芬蛋糕，主要来自两个方面：一是在自己的门店后场划出一块区域自建一个蛋糕加工作坊，自制各类蛋糕，冷藏售卖；二是从其它烘焙企业的中央工厂购买冷冻蛋糕，买回来后，先储存在店内冷冻柜或冷冻库中，需要时取出，只需解冻、装饰后即可售卖。

如果是自建蛋糕制作作坊，则一方面在市区需要租赁更大面积的房屋用于生产，会大幅增加租赁成本；另一方面，制作冷冻蛋糕的全流程，所需要的机器设备、人工、水电费等各项投资以及生产与经营费用会大幅增加，而冷冻蛋糕产品的销售量又不会很大，这样就会造成入不敷出。相比之下，还是从其它烘焙企业购买冷冻蛋糕所产生的经济效益要好得多。

4. 中西餐厅/星级酒店/商超/便利店

既然连个体饼屋都不会自建作坊以自制各类冷冻蛋糕产品，就更不用说中西餐厅、星级酒店、商超以及便利店这些场所了，所以，这些场所所售卖或免费提供给顾客食用的冷冻蛋糕产品，基本上都是从其它烘焙企业购买成品，购买回去后，储存于冷冻库或冷冻柜中，保质期可达 3～6 个月，在保质期内，可随时从冷冻库或冷冻柜中取出，解冻之后，即可食用或转为冷藏售卖，冷藏售卖的保质期为 3 天，这样可确保产品的新鲜度。

5. 家庭烘焙

家庭烘焙爱好者们，如果想吃一个小蛋糕、甜品，可以有三种方式实现，一是直接去饼屋或商超、便利店等实体店购买冷冻蛋糕、甜品；二是可以购买冷冻蛋糕回家放置于冰箱中冷冻储存，在 3～6 个月内，随时可以取出解冻，或者还可以用水果等装饰后食用；三是按照慕斯蛋糕/芝士蛋糕产品制作的全流程，在家里从头至尾完完整整地制作出数量若干的成品后，食用一部分，剩余的放置于冰箱中冷冻储存，在 3～6 个月内随时可以取出解冻后即可食用。

三、冷冻泡芙（半成品坯或成品）

1. 连锁饼店

一般情况下，连锁饼店都拥有自己的烘焙中央工厂，所以，对于连锁门店，可以有两种方式选择：一是由中央工厂制成成品，完成注馅与包装工序之后，通过冷链物流配送至各连锁店冷藏售卖；二是由中央工厂制成冷冻半成品，通过冷链物流配送到门店，门店先储存在冷冻柜或冷冻库里，需要时，从冷冻柜或冷冻库中取出，经过解冻、烘烤、冷却之后，再完成注馅、包装等后续工序，即可陈列售卖。

连锁饼店使用冷冻泡芙坯的主要好处：在 3～6 个月内，任何时候都可以随时取出，完成解冻、烘烤、冷却、注馅以及包装等工序，确保了产品的新鲜度以及现场体验感。

2. 个体饼屋/泡芙工坊店

一般情况下，对于个体饼屋/泡芙工坊店而言，他们不会建自己的烘焙中央工厂，所以，其制作与售卖的泡芙产品主要来源于两个方面：一是他们在店铺内自建一个小型加工作坊，自制泡芙坯，然后再注馅、包装之后上柜售卖；二是向其它烘焙中央工厂购买冷冻泡芙坯，购买回冷冻泡芙坯之后，先行储存在门店的冷冻柜或冷冻库里，需要时，从冷冻柜或冷冻库中取出，经过解冻之后，即可烘烤，待冷却后，再完成注馅、包装等后续工序，即可陈列售卖。

3. 中西餐厅/星级酒店/商超/便利店

与冷冻慕斯蛋糕/冷冻芝士蛋糕/冷冻马芬蛋糕的应用一致，此处就不做过多介绍。一般超市和便利店选用冷冻泡芙成品居多，而中西餐厅/星级酒店选用冷冻泡芙半成品坯居多。

第五节　冷冻蛋糕/甜点的制作设备与生产线

冷冻蛋糕/甜点类产品的生产与制作设备共分为 13 类，分别是：原物料输送类、配料类、搅拌类、提升类、成型类、烘烤类、急速冷冻类、注馅类、切割类、抹坯类、包装类、检测类、冷冻类。其中原物料输送类、配料类、提升类、急速冷冻类、检测类、冷冻类与冷冻面团相同，此处不再赘述。下面对搅拌类、成型类、烘烤类、注馅类、切割类、抹坯类和包装类 7 类生产设备或生产线进行逐一介绍。

1. 搅拌类

根据自动化程度可以分为：单体搅拌机、全自动搅拌系统

（1）单体搅拌机：主要使用离缸式搅拌机，如图 6-5。

图 6-5　离缸式搅拌机

（2）全自动搅拌系统：根据适用对象的不同又分为戚风蛋糕面糊连续打发系统、海绵蛋糕面糊连续打发系统和慕斯面糊搅拌系统，如图 6-6～图 6-8。

2. 成型类

根据自动化程度可以分为：手持式充填机、半自动成型机、全自动成型线，

图 6-6　戚风蛋糕面糊连续打发系统

图 6-7　海绵蛋糕面糊连续打发系统

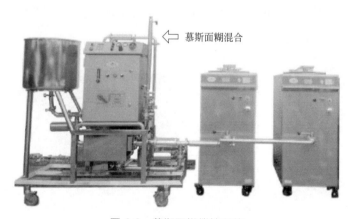

慕斯面糊混合

图 6-8　慕斯面糊搅拌系统

如图 6-9～图 6-11。

图 6-9 手持式充填机

图 6-10 半自动成型机

图 6-11 全自动成型线

3. 烘烤类

根据产品种类及产量的大小来确定使用什么烤炉，蛋糕类产品使用烤炉主要为层炉和隧道炉，如图 6-12。

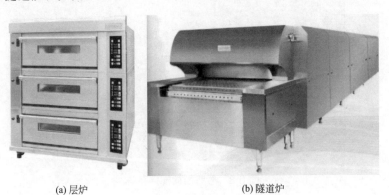

(a) 层炉　　　　　　　　(b) 隧道炉

图 6-12 烤炉

4. 注馅类

根据产量需求主要有半自动桌上型和全自动两种方式，如图 6-13、图 6-14。

图 6-13 半自动注馅机

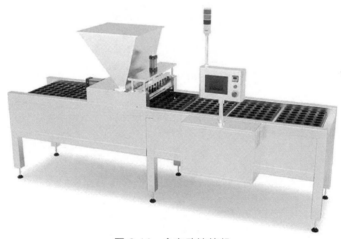

图 6-14 全自动注馅机

5. 切割类

切割类设备主要包括水平式机械切割机、垂直式机械切割机和超声波切割机，如图 6-15～图 6-17。机械式切割机主要用于蛋糕的切割，若是慕斯等甜点的切割，建议选用超声波切割机。

6. 抹坯类

抹坯类主要用于生日蛋糕的抹坯，如图 6-18。

图 6-15　水平式机械切割机

图 6-16　垂直式机械切割机

图 6-17　超声波切割机

图 6-18　抹坯机

7. 包装类

冷冻蛋糕、甜点内包装主要为手工包装，在手工装盒后进行塑封，所涉及的设备主要包括纸盒塑封机，如图 6-19。

图 6-19　纸盒塑封机

第七章
冷冻曲奇的制作技术

第一节　饼干的概述

自改革开放以来，我国的饼干业得到了稳定而快速的发展，特别是近十几年来，随着我国饼干工业的发展，我国饼干市场出现了空前繁荣的景象。根据 AC 尼尔森的调查数据显示：从 2008 年到 2017 年的 10 年间，全国规模以上的饼干生产企业的饼干总产量从 223.8 万吨增长到了 980.5 万吨，平均年增长率达 33.81%。

随着我国社会经济的发展以及人民生活水平的逐步提高，人们对饼干产品的个性化需求越来越高，这也推动了饼干生产企业的产品从设计到研发，逐渐向主食、点心、休闲食品几个方向发展。如各种早餐饼、点心型饼干；带各种花纹，小巧玲珑的曲奇饼；易于消化的巧克力发酵饼、牛奶巧克力发酵饼；营养保健饼干如燕麦饼、高蛋白饼、油料蛋白饼（芝麻蛋白、花生蛋白）、天然高赖氨酸玉米饼、苔菜饼、小米饼、黑米饼、薏米饼等。

"饼干（biscuit）"一词源于法语的 bis（再来一次）和 cuit（烘烤）两个词的组合，意即"烤过两次的面包"。

"饼干"这一名称在世界各国的叫法并不相同，在欧洲如德、法、英等国，称为"biscuit"，在美国称为"cookie"，而在日本，将辅料少的饼干称"biscuit"，将脂肪、奶油、蛋和糖等辅料多的饼干称为"cookie"，此外，在其它有些国家还会将饼干称为"cracker""puff pastry（千层酥）""pie（派）"等。

饼干是除面包以外，生产规模最大的烘焙食品，是以面粉为主要原料，以糖、油脂、蛋、乳制品等为辅料，经搅拌、成型、烘烤等工艺而制成的口感酥松或松脆的片状西式点心食品。

饼干具有口感酥松，营养丰富，水分含量少，重量轻，便于包装，携带，储存与运输的特点，不失为军需、旅行、野外作业、航海、登山等各方面的重要食品。

　　饼干的品种很多，其分类方法也有很多。按口味可以分为：甜饼干、咸饼干、椒盐饼干；按配方可以分为：奶油饼干、蛋黄饼干、维生素饼干、蔬菜饼干；按对象可以分为：婴儿饼干、儿童饼干、宇宙饼干；按外形可以分为：大方饼干、小圆饼干、动物形状饼干、算术饼干、玩具饼干；按工艺可以分为：韧性饼干、酥性饼干、发酵饼干、薄脆饼干、曲奇饼干、夹心饼干、威化饼干、蛋圆饼干、蛋卷、装饰饼干、水泡饼干、煎饼、压缩饼干；按成型方法可以分为：印硬饼干、冲印软性饼干、挤出成型饼干、挤浆（花）成型饼干、辊印饼干。

　　从以上分类中我们可以看出，曲奇也属于饼干的一种。限于内容和篇幅，其它类型的饼干不作为本书介绍的重点，本书只重点介绍曲奇饼干的相关冷冻技术。

　　1. 冷冻曲奇的定义

　　冷冻曲奇，指为了使面团减少延展，切片之后的曲奇面片更紧实不破裂，面团在切片之前放入冰箱或进入冷冻隧道完全冷冻，冻到一定硬度的面团可直接进行切割摆盘及烘烤。无论是经过烘烤或未烘烤的曲奇，冷冻都能让它的风味和质地跟新鲜的曲奇一样。冷冻未成型的面团需要的空间相对小一些，不需要特殊处理以避免破裂，在需要时直接从冰箱取出，切割出需要的重量，待解冻至可掰开即可进行成型及烘烤，若是冷冻的已成型的曲奇面团，那么在从冰箱取出后可直接进行烘烤。另一方面，在冷冻之前就烘烤好的曲奇，冷冻后从冰箱拿出来几分钟即可食用。无论选用哪种方式，曲奇的风味都是非常好的。

　　2. 曲奇的分类

　　曲奇饼干按其配方与工艺的不同，可分为"曲奇"饼干和"花色曲奇"饼干，在曲奇饼干面团中加入椰丝、果仁、巧克力碎粒或葡萄干等糖渍果脯制成"花色曲奇饼干"。"花色曲奇饼干"根据原料颜色的种类，又可分为"双色曲奇"和"多色曲奇"，而多色曲奇主要指"三色曲奇"。

第二节　冷冻曲奇的原辅料及其作用

　　随着饼干业的蓬勃发展，曲奇的原料及添加剂种类也愈来愈多，而且正朝着专用、绿色、安全、高效等方向发展。曲奇的主要原料是面粉，此外，还有糖、油脂、蛋品、乳品、膨松剂等。

1. 面粉

曲奇饼干通常采用辊印或挤花及钢丝切割成型方式，由于曲奇饼干含糖量及油脂量高，所以面团较软，需要用钢带炉来进行烘烤。由于在生产过程中，面片要有结合力，不粘模、不粘带，成型后的曲奇饼干凸状花纹图案要清晰、不收缩变形，这就对制作曲奇饼干的面粉各项指标要求如下：①蛋白质含量为 8.0%～10.0%；②水分含量≤14.0%；③灰分含量≤0.6%；④湿面筋含量 26%～31.5%；⑤吹泡仪弹性＜40mm；⑥弹性/延伸性＜0.5；⑦吹泡仪能量＜75×10^{-4}J；⑧水溶戊聚糖含量＜0.65%。

2. 糖

曲奇饼干对糖的粒度有较高的要求，因为糖的粒度严重影响曲奇饼干的扩展度，以糖粉居多。而普通饼干用糖，一般使用 100 孔/25.4mm 的筛子过筛。另外，曲奇饼干含糖量为 57%，而普通饼干含糖量为 28%。

3. 油脂

曲奇饼干油脂含量可高达 40%～60%，而韧性饼干的油脂含量为 6%～8%，普通酥性饼干的油脂含量比韧性饼干要高 14%～30%。

此外，曲奇饼干的油脂通常采用起酥油或质量与风味更好的黄油，不过价格也更高，特别是黄油，价格最贵。

如果将稀奶油进一步脱水浓缩，那么就可以得到黄油，其实黄油才是真正意义上的"奶油"，因为黄油在稀奶油的基础上进一步脱水，使得它的脂肪含量能达到 80% 以上，色泽也会变成微微的黄色。黄油比"稀奶油"的乳香更加浓郁，入口绵滑。

浓醇芳香是黄油风味的精髓。除了风味及香气之外，黄油具有制作出糕点口感及质感的作用。黄油会因温度而产生硬度的变化，从而能够发挥黄油的乳霜性、酥脆性及可塑性，对糕点的完成有着相当大的影响。

(1) 黄油的乳霜性：搅打乳霜状的奶油，使其能包含空气的性质称之为乳霜性，奶油本来是黄色，但在包含空气时就会变成微泛白的颜色。制作奶油面糊，最初在奶油中加入砂糖混合搅拌，就是要利用这种性质使空气进入奶油当中。

(2) 黄油的酥脆性：调整成乳霜状硬度的奶油，会在面团中成为薄膜般的分散状态，使面筋不易形成，也可以防止淀粉的附着，制作出酥脆的口感。要想使奶油能发挥这样的特质，就必须是能在面糊中形成薄膜状分散状态的硬度，因此要将奶油从能够以手按压的硬度调整成乳霜状的硬度。

（3）黄油的可塑性：奶油从－18℃的冻库里取出在常温环境下放置一段时间，用手指按压形成指印的状态，并且可以用手自由地改变形状，这种性质就称之为可塑性，可塑性仅在13～18℃的状态下才能发挥。外层面团里包裹奶油，借由擀压折叠，制作出可达几百层的层次，外层面团与奶油必须同时擀压，否则中间断裂，层次就无法形成。奶油一旦溶解后，就会失去可塑性。

4. 乳品和蛋品

曲奇饼干中一般不含乳品，为增加曲奇酥脆性，可以加入蛋清。但其它饼干中会有乳品和蛋品。

5. 膨松剂

曲奇饼干用的膨松剂主要有 $NaHCO_3$、NH_4HCO_3、即发性活性干酵母以及复合膨松剂等几种。

这里主要介绍一下即发性活性干酵母及复合膨松剂这两种膨松剂在曲奇饼干生产中的作用。①即发性活性干酵母在曲奇饼干生产中的作用为：使面团膨大；改善面筋；增加饼干风味；提高产品的营养价值。②复合膨松剂在曲奇饼干生产中的作用为：产生气体；调整食品酸碱度，并起到膨松剂的作用；改善膨松剂的保存性，防止其吸潮失效，调节气体产生速率或使气泡均匀产生。

关于膨松剂的含量：曲奇饼干中膨松剂的含量为1.11％，而普通酥性饼干的含量为0.37％。

6. 食盐

食盐既是曲奇饼干产品的调味料，又是面团强筋剂，食盐在曲奇饼干中的含量为9.8％左右，而在其它饼干中的含量≤1.5％。

第三节　冷冻曲奇的生产工艺流程

一、冷冻曲奇的生产工艺流程

1. 配送成品给门店

2. 配送冷冻半成品给门店

3. 配送冷冻半成品到工厂

二、工艺说明

1. 配料

（1）车间配料区的生产环境温度为 25℃。

（2）可选用人工配料，也可选用自动化系统配料。

2. 搅拌

曲奇饼以黄油、面粉为主要原材料，所以一般的制作流程为，黄油在室温下软化后，在搅拌机内与糖粉一起将其打发，直至黄油颜色变浅，面糊顺滑，呈无颗粒的羽毛状，然后分次加入蛋清液，每次都须搅打到鸡蛋和黄油完全融合再加下一次，否则会出现蛋油分离，最后再加入面粉，混匀即可，注意面粉不要打出筋。

（1）车间搅拌区的生产环境温度为 25℃。

（2）所用的搅拌机包括固定缸式搅拌机和离缸式搅拌机。

3. 成型

曲奇饼干的成型，是通过不同造型的挤花嘴间断性挤出或条状成型机连续挤出粗长条。

（1）车间成型区的生产环境温度为 25℃。

（2）成型的方式包括手工成型、手工＋设备成型和全自动设备成型。

4. 冷冻

曲奇饼干属于高糖、高油、低含水的产品，既不存在冷冻面团制作时因冷冻速率的不同而产生大小不同的冰晶破坏面筋的问题，也不存在慕斯蛋糕制作时因冷冻速率的不同而产生大小不同的冰晶导致油水分离的可能。冷冻曲奇饼干面团冷冻的要求是冻硬不松散即可。

（1）冷冻库内温度：−10～−8℃。

（2）冷冻的方式包括隧道式冷冻和冻库冷冻。

5．切片摆盘

在门店或工厂，直接从冷冻库中取出曲奇半成品，在冷冻状态下直接进行摆盘及烘烤，如果是粗长条的半成品，则还需要切片摆盘。

（1）车间切片摆盘区域的生产环境温度为 20℃。

（2）切片摆盘的方式包括手工切片＋手工摆盘、机器切片＋手工摆盘、机器切片＋机器摆盘三种方式。

6．烘烤

曲奇饼干的烘烤时间比较短，具体时间依据产品大小而定。

（1）烘烤的温度在 200℃左右。

（2）烘烤的设备一般选用旋转炉、钢带炉或隧道炉。

7．冷却

（1）车间冷却间的生产环境温度为 20℃。

（2）冷却的时间 30min 以内。

（3）冷却的方式包括台车式冷却、螺旋式冷却塔、垂直式冷却塔和输送带冷却四种方式。

8．内包装

（1）车间内包装区域的生产环境温度为 20℃。

（2）内包装的方式包括①纯手工包装：这种方式适合于配送冷冻半成品给门店的情况；②手工＋包装机：枕式包装机、立式包装机、给袋式包装机，这种方式适合于在工厂制作成品的情况；③全自动包装系统：灌装线（机器人）、袋装线（组合秤），这种方式也适合于在工厂制作成品的情况。

具体选用哪种方式，依据产能、包装容器以及产品形状而定。

9．外包装

（1）车间外包装区域的生产环境温度为 25℃。

（2）外包装方式包括手工包装和全自动装箱系统。

10．冷链运输

如果是配送曲奇成品给工厂或门店，则采用常温运输；如果是配送冷冻曲奇半成品给工厂或门店，在采用冷链运输，−10～0℃的冷链车即可满足要求。

第四节　冷冻曲奇的应用

随着我国烘焙业的持续发展，冷冻曲奇在各个领域的应用也越来越普遍，这里将详细介绍冷冻曲奇在各个领域和业态的应用。

1. 烘焙中央工厂

一般情况下，发送到烘焙中央工厂的冷冻曲奇半成品，先储存在工厂的冷冻库里，需要时，从冷冻库中取出，经切片、摆盘、烘烤、冷却、内包装之后，可以以独立产品装箱，或者与其它产品一起组装成伴手礼组合套装，再经过常温物流运输配送到饼屋（独立包装或伴手礼组合套装）、西餐厅（独立包装）、咖啡店（独立包装或伴手礼组合套装）、茶饮店（独立包装或伴手礼组合套装）、大型商超（独立包装）、便利店（独立包装或伴手礼组合套装）、高端酒店（伴手礼组合套装）。

烘焙中央工厂使用冷冻曲奇的好处：①为中央工厂节省生产场地面积，冷冻曲奇制作与生产的配料、搅拌、成型这三个工序都可省掉，所以可大幅节省生产场地；②为中央工厂节省生产技师和生产人员，对冷冻曲奇产品生产而言，因为节省了配料、搅拌、成型等制作工序，那么也就大幅减少了生产技师和生产人员；③为中央工厂节省设备投资，因为冷冻曲奇制作与生产的搅拌与成型工序需要设备辅助，如果这些制作程序省掉了，则相应的设备投资也省掉了。

2. 连锁饼店

一般情况下，连锁饼店都拥有自己的烘焙中央工厂，所以可以由自己的烘焙中央工厂将冷冻曲奇半成品或成品发送到各个连锁饼店。

发送到连锁饼店的冷冻曲奇半成品，先储存在饼屋的冷冻柜或冷冻库里，需要时，从冷冻柜或冷冻库取出，经切片、摆盘、烘烤、冷却、内包装等制作工序之后可以直接陈列在陈列柜上进行售卖。发送到连锁饼店的冷冻曲奇独立包装成品，直接陈列在货柜上进行售卖。发送到连锁饼店的含有冷冻曲奇饼干成品的伴手礼组合套装，直接陈列在货柜上进行售卖。

连锁饼店使用冷冻曲奇半成品的好处：因冷冻曲奇半成品保质期长，饼屋可一次性备足货源，储存在冷冻柜或冷冻库里，需要时可以随时取出，切片、摆盘、烘烤以及包装，实现分分钟出炉，既可以有效地防止缺断货，又可以确保产品的新鲜度；同时，还可以避免酥性曲奇饼干成品在运输过程中的破损。

3. 个体饼屋

一般情况下，个体饼屋没有自己的烘焙中央工厂，所以，需要向其它烘焙中央工厂购买冷冻曲奇半成品，冷冻曲奇半成品采购回来后，后面的工序就与连锁饼店的完全一样了。

个体饼屋使用冷冻曲奇的好处也与连锁饼屋完全一样。

4. 西餐厅/咖啡厅/茶饮店/大型商超/连锁便利店

一般情况下，西餐厅/咖啡厅/茶饮店/大型商超/连锁便利店都没有自己的烘焙中央工厂，所以，也需要向其它烘焙中央工厂购买冷冻曲奇独立包装成品或伴手礼组合套装产品，然后在店里直接售卖。

西餐厅/咖啡厅/茶饮店/大型商超/连锁便利店等不同业态的店铺使用冷冻曲奇的好处：①属于短保质期的产品，产品新鲜、安全、健康；②直接购买成品，无须在店内现场制作，可节省设备投资、人力、场地等各项经营成本。

5. 高端酒店

一般情况下，针对高端酒店的住客，以及在高端酒店召开各种商务会议的企业或组织，可以推出由冷冻曲奇及其它产品组合的伴手礼产品套装，全年销售。

6. 家庭烘焙

如今，随着人们的生活水平不断提升，热衷于家庭烘焙的爱好者也越来越多。很多人喜欢在周末双休、节假日，甚至平时工作日，在家里亲手过一把烘焙瘾，既体验到了现场烘焙的乐趣，同时还能为家人奉上一顿美食，这对提升家庭的幸福感起着非常重要的作用。

但我们知道，在家里做烘焙，其实是不太容易的。首先，要有面积足够大的厨房用于加工与制作；其次，要购买家庭烘焙必备的各种设备和工具，如搅拌机、发酵箱、烤箱、电子秤、烤盘以及各种工模器具等；最后就是技术了，并不是每一个家庭烘焙爱好者都拥有烘焙产品制作与加工的娴熟技术，所以，关键技术应该是家庭烘焙的最大难点；此外，还有时间。如果每个产品都要从头到尾的一个工序一个工序的做，其实是很费时间的，而且也很不容易坚持。所以，基于以上四点，笔者认为，与冷冻面团一样，冷冻曲奇的家庭烘焙又可以变得更简单。

家庭只需要向某个烘焙中央工厂购买冷冻曲奇半成品，储存于自家冰箱里冷冻，在3～6个月里，任何时候需要时取出，切片、摆盘、烘焙，即可实现分分钟出炉。

所以，家庭烘焙使用冷冻曲奇半成品的好处是很多的。①节省场地：无须在家进行配料、搅拌、成型等这些工序的制作，所以节省了场地；②节省投资：无须购买搅拌机、成型机等设备，以及电子秤、切刀等工模器具；③技术难度：因产品制作的部分工序已有，所以，大大降低了家庭烘焙的技术难度；④节省时间：因产品的部分制作工序已省，所以，烘焙的时间大幅减少，为实现家庭烘焙，又减少了一个困扰因素。

第五节 冷冻曲奇的制作设备及生产线

冷冻曲奇类产品的生产与制作设备共分为 9 类，分别是原物料输送类、配料类、搅拌类、成型类、切片摆盘类、烘烤类、包装类、检测类、冷冻类。其中原物料输送类、配料类、搅拌类、烘烤类、检测类和冷冻类前面已有介绍，此处不再赘述。下面将对成型类、切片摆盘类和包装类 3 类生产设备或生产线进行逐一介绍。

1. 成型类

成型类指的是将曲奇面团投入成型机的料斗，经成型机成型之后，输出一条模切面为各种选型的长条状面团。比如模切面为正方形、长方形、心形、圆形、菱形以及其它多种动物选型、数字选型、英文字母选型等。

曲奇成型机根据面团颜色、种类可分为单色曲奇成型机、双色曲奇成型机、三色曲奇成型机，如图 7-1～图 7-3。

图 7-1 单色曲奇成型机

图 7-2 双色曲奇成型机

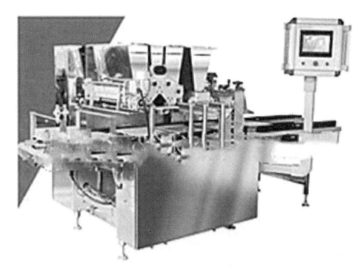

图 7-3 三色曲奇成型机

2. 切片摆盘类

切片摆盘类指的是将从冷冻库或经冷冻隧道之后取出的长条状冷冻曲奇面团（模切面为各种形状）进入切片摆盘机，切片摆盘机按事先设定的厚度进行自动切片并实现自动摆盘的设备，如图 7-4。

图 7-4 切片摆盘机

3. 包装类

根据自动化程度，包装方式可分为：半自动包装和全自动包装方式。

（1）半自动包装方式分为：①枕式包装机；②立式包装机；③独立袋包装机，如图 7-5～图 7-7。

(a) 推杆式　　　　　　　　　　　　　(b) 输送带式

图 7-5　枕式包装机

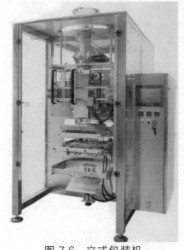

图 7-6　立式包装机

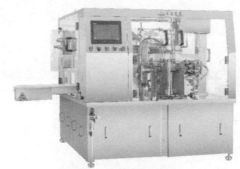

图 7-7　独立袋包装机

（2）全自动包装方式根据装袋样式分为：①全自动罐装线（图 7-8）；②全自动袋装线（图 7-9）。

图 7-8　全自动灌装线

图 7-9　全自动袋装线

第八章
冷冻酥类产品的制作技术

第一节　冷冻酥类产品的概述

酥类产品是以面粉、油、糖、蛋为主料，添加或不添加适量辅料，经调制、成型、熟制等工序制成的食品，也属于中式糕点的范畴。随着中式点心的大力复兴，冷冻酥类以其浓郁奶香风味、酥脆口感、现烤成为每家糕点店的必备产品。这类产品特别受欢迎，甚至是很多店的爆款，除了因其好吃之外，还有两个原因。其一，冷冻酥类产品不含有酵母，冷链物流运输到客户手中之后产品品质出现问题的可能性非常低；其二，其制作工艺与发酵丹麦类似，具有包油折叠层次等复杂工序，一般个体饼店甚至一些大中型综合性饼店企业不愿意去做这一类型的产品，也由此一般冷冻烘焙类专业工厂都会首选这类型产品。从代表性的产品来说，主要包括蛋挞皮、老婆饼等酥饼类以及菠萝派等丹麦起酥类。

1. 蛋挞皮

蛋挞皮是一种由中筋粉、酥油（黄油亦可）、麦琪淋、水、糖、蛋挞模具做成的用于包裹蛋挞液的可食用外壳。目前市面上比较常见的是葡式蛋挞和港式蛋挞，两者有非常明显的区别。港式蛋挞，挞皮是中式点心大包酥的做法，用牛油，外表较为光滑和完整，做法也更简单；蛋挞液用的是鸡蛋、水和糖，吃起来内馅很像广式甜品里的炖蛋。葡式蛋挞，挞皮是西式点心清酥的做法，像千层酥似的层次分明，蛋挞液用鸡蛋、牛奶、糖、淡奶油等做成，因为加入奶制品所以烤出来会有斑驳的深色表面。

2. 酥饼类

酥饼是用水油面团包入油酥面团制成酥皮，经包馅、成型、烘烤而制成的饼皮分层次的制品。如老婆饼、鲜花饼等。

3. 丹麦起酥类面包

丹麦起酥类面包，口感酥软、层次分明、奶香味浓、面包质地松软，与发酵丹麦面包的差异在于后者含有酵母，在工厂里的制作工艺是一样的，均包括搅拌、包油、松弛、成型、速冻与包装。而与酥饼类的差异在于丹麦起酥类似发酵丹麦面团，有面块包裹片状油脂折叠层次的工序，如榴梿酥、叉烧酥、一口酥等。

第二节　冷冻酥类的原辅料及其作用

酥类原材料的种类较多，以面粉、油脂、糖和蛋为主料，下面特别介绍一下面粉和油脂。

（1）面粉：所使用的面粉为中筋粉，或高筋粉与低筋粉按一定比例混合使用或低筋粉。面粉除了因其所含的面筋蛋白而使搅拌完成的面团富有弹性、延伸性和可塑性之外，还有一点是面粉中的淀粉与水混合加热到一定温度，其微粒便大量吸水、膨胀，直至破裂而形成黏稠的糊状物，这就是糊化作用，它可使糕点中的其它辅料较牢固地集结在糕点内或黏附在糕点表面。

（2）油脂：常用的油脂包括黄油、起酥油、麦淇淋等。油脂在酥类中的主要作用包括①油脂是人体热量的重要来源之一，油脂对糕点还有乳化和软化作用；②控制面团中面筋的胀润度，油脂加入面团后分布在蛋白质和淀粉周围，形成油膜，降低了面团的吸水率，从而阻止了面筋的胀润，使面团结构酥松。

第三节　冷冻酥类的生产工艺流程

1. 蛋挞皮

（1）港式蛋挞皮

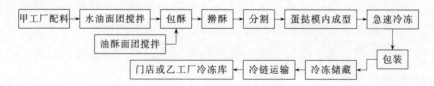

港式蛋挞皮由两种面团构成，外层是水油筋性面团，内层是油酥面团，两面团包裹松弛之后，经擀片、折叠、再擀片、折叠多次制成，层次分明。其中，水油面团主要是由水、糖、油和面粉混拌制成，油酥面团主要是油与面粉混拌制成。

（2）葡式蛋挞皮

与港式蛋挞皮在制作工艺上的主要不同点在于，葡式蛋挞皮是由水油面团包裹油脂，再经反复擀制折叠，形成一层面与一层油交替排列的多层结构，成品质轻、分层、酥松而爽口。

2.酥饼类

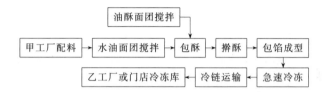

酥饼类，与港式蛋挞皮一样，也由两种面团构成，外层是水油筋性面团，内层是油酥面团，两面团包裹松弛之后，经擀片、折叠、再擀片、折叠多次制成之后，进入酥饼机包馅成型或手工分割包馅成型。

3.丹麦起酥类面包

丹麦起酥类面包从制作工艺流程上来说，与葡式蛋挞相同，只是葡式蛋挞成型是在蛋挞铝箔纸内冲压成型，而丹麦起酥类面包一般会包制各种馅料后再做成各种造型，如鱼骨、网面等。

第四节　冷冻酥类产品的应用

蛋挞皮、酥饼类和丹麦起酥类产品，从生产制作的角度来说，特别是没有设备的情况下，包油、包酥和擀酥等过程是非常烦琐的，一般规模下的烘焙中央工厂和饼店都不愿意自己生产，但是这些产品因为酥松的口感，又深受消费者喜欢，所以售卖烘焙产品的店里这些产品是必不可少的，这也解释了为什么这些产品在大街小巷、超市、饼店等各个角落都能看到，但是又基本上是从各类酥饼类专业工厂里采购而非自己生产。

这一类产品，因为不含酵母而且都是预成型的冷冻品，既减轻了冷链物流的压力，也不需要经过再次成型与发酵等工序，而对店里师傅的技术要求大大降低，所以它们一般是直接以冷冻半成品配送至各个连锁饼店、个体饼屋、商超便利店、酒店等，每个客户再根据自己每天的销售情况，从冻库或冷冻柜里取出，解冻、表面刷蛋后，即可进行烘烤，刚出炉的产品酥松、奶香味十足。为让消费者能吃到酥松的口感，这类产品一般不需要经由中央工厂烘烤冷却包装后再配送至各个店内。

第五节　冷冻酥类的制作设备及生产线

酥类产品的生产与制作设备共分为9类，分别是原物料输送类、配料类、搅拌类、包油开酥类、擀酥类、成型类、速冻类、包装类、检测类。其中，原物料输送类、配料类、搅拌类、包油开酥类、速冻类、包装类和检测类上面几个章节已有介绍，此处不再赘述。下面对擀酥类和成型类这两类生产设备或生产线进行逐一介绍。

1. 擀酥类

擀酥机为纯仿手工工艺，多次将包酥油皮擀皮、擀压和包卷，以达到各种脆酥、软酥的效果，此机可配合人工操作，也可配套包馅类设备，如图8-1。

图8-1　擀酥机

2. 成型类

蛋挞皮成型线有专业的生产线，如图8-2，前段一般搭配自动包油生产线并翻转卷成长条，经过冷冻冻硬之后放入蛋挞皮成型线的喂料端。除此之外，为追求更高的品质，国内众多蛋挞皮企业生产厂家以手工挞皮作为主打产品，选择纯手工或结合蛋挞成型机进行仿手工挞皮制作，如图8-3。

图 8-2　蛋挞皮成型线

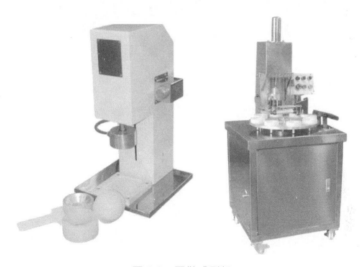

图 8-3　蛋挞成型机

　　酥饼成型线如图 8-4，包完油的面皮经过冷藏松弛即可进入酥饼生产线，压延、擀薄、卷起、掐断，搭配注馅机、捏花机和印饼机等实现加馅、捏花或压扁等成型工序。

　　丹麦起酥成型线如图 8-5，包完油的面皮经过冷藏松弛即可进入丹麦起酥成型线，实现注馅，并通过刀具的变化制作出各类丰富的造型。

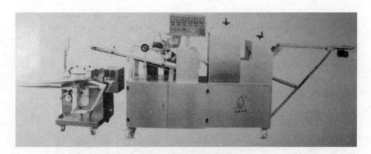

图 8-4 酥饼成型线

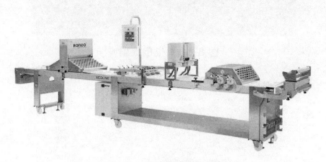

图 8-5 丹麦起酥成型线

参考文献

［1］ 苏东海，苏东民．面包生产工艺与配方［M］．北京：化学工业出版社，2008.

［2］ 李楠．面包生产大全［M］．北京：化学工业出版社，2011.

［3］ 蔺毅峰．焙烤食品加工工艺与配方［M］．2版．北京：化学工业出版社，2011.

［4］ 竹谷光司．面包科学：终极版［M］．台湾：大境文化事业有限公司，2016.

［5］ 李祥睿，陈洪华．中式糕点配方与工艺［M］．北京：中国纺织出版社，2013.

［6］ 华泽钊，李云飞，刘宝林．食品冷冻冷藏原理与设备［M］．北京：机械工业出版社，1999.

［7］ 刘宝林．食品冷冻冷藏学［M］．北京：中国农业出版社，2010.

［8］ Evans J A．冷冻食品科学与技术［M］．许学勤，译．北京：中国轻工业出版社，2010.

［9］ 冯志哲，张伟民，沈月新．食品冷冻工艺学［M］．上海：上海科学技术出版社，1984.

［10］ 王君．烘焙中央工厂设计与设备选型［M］．北京：中国轻工业出版社，2018.